Thorsten Jekel

Digital Working für Manager

Mit neuen Technologien effizient arbeiten

Thorsten Jekel

Digital Working für Manager

Mit neuen Technologien effizient arbeiten

Bibliografische Information der Deutschen Nationalbibliothek

Die Deutsche Nationalbibliothek verzeichnet diese Publikation in der Deutschen Nationalbibliografie; detaillierte bibliografische Informationen sind im Internet unter http://dnb.d-nb.de abrufbar.

ISBN 978-3-86936-521-3

Lektorat: Dr. Michael Madel, Ruppichteroth
Umschlaggestaltung: Martin Zech Design, Bremen | www.martinzech.de
Umschlagfoto: iStockphoto/Thinkstock
Satz und Layout: Lohse Design, Heppenheim | www.lohse-design.de
Druck und Bindung: Salzland Druck, Staßfurt

Copyright © 2013 by GABAL Verlag GmbH, Offenbach
Alle Rechte vorbehalten. Vervielfältigung, auch auszugsweise, nur mit schriftlicher Genehmigung des Verlages.

www.gabal-verlag.de

Inhaltsverzeichnis

Geleitwort von Werner Tiki Küstenmacher 7

Intro: Wie Sie dieses Buch am besten nutzen 9

1. E-Mail-Flut bewältigen 11

2. Effiziente Meetings 26

3. Smarter kommunizieren 40

4. Ziele planen und kontrollieren 54

5. Termine im Blick behalten 69

6. Aufgaben planen und delegieren 82

7. Endlich ein einziges Adressbuch! 97

8. Smarter reisen 109

9. Perfektes Zusammenspiel mit der Assistenz 125

10. Medien intelligent nutzen 137

11. Digitaler Notizblock 151

12. Weiterbildung 3.0 164

13. Cloud richtig nutzen 176

14. Smartes Dokumenten-Management 188

„Making of"– so ist dieses Buch entstanden 199

Literaturverzeichnis und Quellen 201

Stichwortverzeichnis 206

Über den Autor 211

Geleitwort

Mitte der 1980er-Jahre war es, da revolutionierte sich mein Leben durch ein unscheinbares Accessoire. Es war etwas größer als eine Handfläche und wog etwas mehr als eine Tafel Schokolade: ein Zeitplanbuch. Das war ein kleiner Ordner mit speziellen Kalenderblättern, auf jeder Seite viel Platz für Notizen.

Klar, die Revolution kam nicht durch das Ding an sich, sondern durch das, was ich damit machte. In einem Seminar hatte ich gelernt, wie ich mithilfe des Zeitplaners meinen Tag besser planen konnte. Das Zeitplanbuch half mir, Wichtiges und Unwichtiges zu unterscheiden, Prioritäten zu setzen und Struktur ins Chaos des Alltags zu bringen. Es war einfach ein Genuss, auf der Liste der zu erledigenden Arbeiten etwas abzuhaken und stets alle wichtigen Informationen in diesem Büchlein bei sich zu haben.

Viele Leute hatten damals solche Zeitplaner, aber längst nicht alle erlebten es als Gewinn. Sie hatten gehofft, schon durch die Anschaffung würde sich ihr Leben vereinfachen. Aber so einfach war es leider nicht. Das Buch war nur das Werkzeug, die zur Benutzung nötige Handwerkskunst musste man erst einmal erlernen.

Und zwar immer aufs Neue. Bald zog auch bei mir der Schlendrian wieder ein. Ich nutzte die Möglichkeiten nicht mehr, ließ es laufen statt zu planen, trug nur noch die wichtigsten Termine ein. Auch ich hoffte, durch den Besitz des Büchleins auf magische Weise effizient arbeiten und nach getaner Arbeit glücklich entspannen zu können. Pustekuchen.

Ich habe immer wieder einen neuen Anlauf gebraucht. Ich habe einen Ruck gebraucht, der durch mich und meinen Alltag ging: einen Vortrag zum Thema „Zeitmanagement" hören, sich von einem Coach beraten lassen oder ein Buch darüber lesen.

Gut zwei Jahrzehnte später wiederholt sich dieses Spiel. Wieder ist es ein Gegenstand, etwas größer als eine Handfläche und etwas schwerer als eine Tafel Schokolade: ein Smartphone oder Tablet-Computer. Ein Werkzeug mit weit fantastischeren Möglichkeiten als die batterielosen Zeitplanordner aus Rindsleder und Papier. Aber eben wieder nur: ein Werkzeug. Was also tun?

Handwerk lernt man beim Meister, und das geschieht dann nicht nur theoretisch, sondern vor allem praktisch. Thorsten Jekel ist so ein Meister. Er ist selbst beneidenswert gut organisiert und hat die Gabe, seine eigenen Fähigkeiten im Umgang mit den elektronischen Helferlein auch anderen zu vermitteln. Er tut das in Vorträgen, Seminaren, in der persönlichen Beratung und dankenswerterweise auch in Buchform.

Ich freue mich sehr auf diesen Auffrischungskurs in Sachen Selbstorganisation und vertraue darauf, dass beim Lesen ein Ruck durch mein Arbeitsleben geht. Das wünsche ich auch Ihnen: Dass wir alle nicht nur Werkzeugbesitzer(innen), sondern virtuose Werkzeugbenutzer(innen) werden. Geben Sie sich nicht mit Kompromissen zufrieden. Sagen Sie nicht: „Irgendwie komme ich mit meinem Gerät schon zurecht", sondern entwickeln Sie den gesunden Ehrgeiz eines Meisters bzw. einer Meisterin. Es geht ja nicht um Geräte, Maschinen oder Software. Es geht um etwas viel Wertvolleres: Ihr gelingendes Leben. Machen Sie es mithilfe dieses Buchs zu einem Meisterstück!

Viel Freude dabei wünscht Ihnen

Werner Tiki Küstenmacher

Intro: Wie Sie dieses Buch am besten nutzen

Mit diesem Buch möchte ich Ihnen mehr Effektivität und Lebensqualität im beruflichen Alltag ermöglichen. Führungskräfte, die in den vergangenen Jahren an meinen vielen Seminaren zur Produktivität mit iPad & Co. teilgenommen haben, klagen oft über eine hohe Arbeitsbelastung. Die ständige Erreichbarkeit über neue, digitale Kommunikationswege scheint das Problem auf den ersten Blick zu verschärfen. Doch Technologie kann immer nur so gut sein wie der Kopf, der sie nutzt. Die Lösung lautet deshalb „Smart Working" – nicht noch härter arbeiten, sondern die richtigen Dinge richtig tun und neue Technologien so einsetzen, dass die Arbeit wie von selbst läuft. Dazu müssen Sie als Nutzer möglichst genau wissen, was Sie von der Technik wollen.

Auf den folgenden Seiten geht es deshalb zwar um neue Technologien, aber nicht nur darum. Sie haben am meisten von diesem Buch, wenn Sie sich auf eine ganzheitliche Betrachtungsweise einlassen und hin und wieder auch bereit sind, Ihre heutigen Gewohnheiten in Frage zu stellen. Sie werden sogar sehen: Nicht immer ist die beste Lösung digital, manchmal kann auch Papier richtig sein. Eines der besten Beispiele halten Sie in Händen: das Buch! Auf der anderen Seite nutzen viele Manager die heutigen technischen Möglichkeiten nur zu einem Bruchteil. Sie besitzen zwar sicherlich ein Handy oder Tablet-PC, gehen aber damit um, als würden sie einen Porsche immer nur im ersten Gang bewegen.

Ich möchte, dass Sie mit neuen Technologien auf die Überholspur kommen! Als langjähriger Geschäftsführer im Mittelstand und heutiger Unternehmer weiß ich, wo uns Managern im Alltag der Schuh drückt.

Deshalb gehe ich in den folgenden 14 Kapiteln immer von unseren typischen Problemen aus. Anschließend beschreibe ich Lösungsmöglichkeiten und stelle smarte Technologien vor – jedoch ohne unnötig ins technische Detail zu gehen. Wichtig sind mir der Überblick und die Lösungsansätze. Überall im Buch finden Sie Links zu Anbietern und Experten, bei denen Sie sich bei Interesse näher informieren können.

Das Buch besteht aus Kapiteln, die Sie entweder fortlaufend oder in beliebiger Reihenfolge lesen können. Fangen Sie ruhig mit dem Thema an, das Sie am meisten interessiert. Begleitend zum Buch habe ich für Sie unter der Webadresse www.jekelpartner.de/digitalworking ein kostenloses 14-Wochen-Programm für Smart Working zusammengestellt. Hier finden Sie noch mehr Tipps, Links und Downloads für Ihre Produktivität. Ich habe überall darauf geachtet, dass Nutzer unterschiedlicher Hard- und Software gleich gute Tipps und Empfehlungen bekommen. Sie werden also von diesem Buch unabhängig davon profitieren, ob Sie Microsoft oder Apple bevorzugen, mit iPhone und iPad arbeiten oder auf Android-Endgeräte eingeschworen sind.

Meine Software-Tipps dienen ohnehin mehr als Beispiele. Entscheidend sind die Lösungsansätze, die ich Ihnen präsentiere. Ab und zu finden Sie im Buch auch QR-Codes. Sie kennen diese quadratische Matrix aus schwarzen und weißen Punkten längst aus der Werbung. Scannen Sie diese Codes mit Ihrem Smartphone oder Tablet-Computer und Sie gelangen direkt zu weiterführenden Informationen über Lösungen und Produkte. Zudem verweist ein Index auf die entsprechende Webadresse – eine Zusammenstellung der Webadressen finden Sie im Anhang.

Nun wünsche ich Ihnen viel Spaß und Erfolg beim Durchstöbern meines Erfahrungsschatzes aus über 25 Jahren produktiven Umgangs mit neuen Technologien!

Ihr Digital Working-Experte
Thorsten Jekel
www.jekelpartner.de

E-Mail-Flut bewältigen

Das Wichtigste im Überblick

- Mit geeigneten Strukturen ist die E-Mail-Flut beherrschbar.
- Selbstdisziplin und positive Gewohnheiten müssen hinzukommen.
- Verhalten und Erwartungen der Absender lassen sich beeinflussen.
- Eindeutige Standards machen das Bearbeiten von E-Mails schneller.
- In vielen Fällen gibt es bessere Kommunikationswege als die E-Mail.

„Mein Zeitmanagement habe ich im Griff, aber die E-Mails killen mich." Diesen Satz hörte ich kürzlich von Lothar J. Seiwert, dem Zeitmanagement-Experten Nr. 1 in Deutschland. Ich bin sicher, dass der Bestsellerautor seine E-Mails weitaus besser beherrscht als die meisten Internetnutzer. Er spricht lediglich aus, was viele Führungskräfte denken: Es ist einfach zu viel geworden mit den E-Mails. Durch das permanente Mailen wird die Kommunikation langsamer statt schneller. Einmal habe ich von einem Manager bei Google gehört, der 148.000 E-Mails in seinem Outlook-Posteingang hatte: gelesene, ungelesene, CCs, BCCs, Newsletter, Autoresponder-Nachrichten – alles. Was für ein Wahnsinn!

In diesem Kapitel möchte ich Ihnen zeigen, wie Sie den E-Mail-Wahnsinn beenden. Das geht tatsächlich, selbst wenn Sie aktuell 50, 100 oder noch mehr E-Mails pro Tag erhalten. Allerdings müssen Sie dazu aktiv werden. Die Software-Industrie wird das Problem nicht für Sie lösen, trotz aller Fortschritte bei der Suchtechnologie. Und ich habe – leider – auch keinen Zaubercode, den Sie nur aus diesem Buch in Ihren Rechner kopieren müssten. Wenn Sie aber bereit sind, etwas Zeit zu investieren, um Ihre Strukturen zu optimieren, und dazu noch einige positive Gewohnheiten entwickeln, verspreche ich Ihnen, dass die Überlastung für Sie ein Ende haben wird. Mehr noch: dass Sie mit der E-Mail im Management-Alltag wieder Zeit sparen, statt sie zu vergeuden.

Alles eine Frage der Struktur

Im Papierzeitalter erkannte man das gut organisierte Büro an einem cleveren Ablagesystem – alles hatte seinen Platz. Wer immer fleißig ordnete, abheftete sowie die „Rundablage" – den Papierkorb – fütterte, der behielt den Überblick. Jeden Abend war der Schreibtisch leer. Im digitalen Zeitalter ist das nicht wesentlich anders. Die Technik gibt Ihnen keine bestimmte Struktur vor, sondern Sie müssen Ihre eigene Struktur auf die Technik übertragen. Alle, die auf ihren Rechnern kein funktionierendes Ablagesystem installieren, werden immer den Eindruck haben, in E-Mails zu ertrinken. Sie werden auch selten auf Anhieb finden, wonach sie gerade suchen.

> **TIPP:**
> Nutzen Sie das kostenlose 14-Wochen-Programm für Smart Working.
> Infos unter 1
>

Ich halte überhaupt nichts von der Behauptung, dass immer intelligentere Suchinstrumente das Ordnen beziehungsweise Löschen von E-Mails auf absehbare Zeit überflüssig machen werden. Denn es werden ja nicht nur die Suchfunktionen immer besser, sondern auch die Datenmengen immer größer. Ein klassisches Katz-und-Maus-Spiel. Die Suchfunktion mag noch so „intelligent" sein – wenn Sie 100.000 Nachrichten nach einem Dateianhang durchsuchen, der Ihnen vor Wochen von Ihrem Mitarbeiter gemailt worden ist, werden Sie mehr Suchtreffer erhalten, als Ihnen lieb ist.

Selbsttest: Wie gut haben Sie Ihre E-Mails im Griff?

Der folgende Test gibt Ihnen einen schnellen Überblick, wie gut Sie die wichtigsten Regeln im Umgang mit E-Mails bereits beherrschen. Zählen Sie einfach, bei wie vielen der folgenden zehn Aussagen Sie „Ja" sagen. Am Ende des Kastens finden Sie die Auflösung.

1. Die Push-E-Mail-Funktion (Mailprogramm lädt automatisch neue E-Mails) ist bei meinem Rechner aktiviert.
2. Ich starte meinen Arbeitstag meistens mit dem Checken von E-Mails.
3. Mein Rechner gibt sofort einen Hinweis (Sound/Symbol), sobald eine neue E-Mail eintrifft.
4. Ich lösche meine E-Mails eher selten.
5. Die Ordnerstruktur meines Mailprogramms ist mehr zufällig gewachsen als durchdacht.
6. Mein Smartphone bzw. Tablet gibt sofort einen Hinweis, sobald eine neue E-Mail eintrifft.
7. Der Posteingang meines Mailprogramms enthält am Abend noch E-Mails.
8. Ich bearbeite meine E-Mails immer mal wieder zwischendurch.
9. Die Push-E-Mail-Funktion ist bei meinem Smartphone bzw. Tablet aktiviert.
10. Der Ordner „Gesendete Objekte" meines Mailprogramms enthält am Abend noch E-Mails.

Auflösung:

- Zwei- bis dreimal „Ja": Herzlichen Glückwunsch! Sie managen Ihre E-Mails bereits professionell. Vielleicht finden Sie in diesem Kapitel noch den einen oder anderen Tipp, um Ihren Umgang mit E-Mails zu optimieren.
- Vier- bis sechsmal „Ja": Willkommen im Club! Ihnen geht es wie den meisten Führungskräften. Im Umgang mit E-Mails haben Sie einige Ansätze bereits gut umgesetzt. Freuen Sie sich auf weitere Anregungen in diesem Kapitel.
- Sieben- bis zehnmal „Ja": Vorsicht Falle! E-Mails bremsen Sie oft eher, als dass sie Ihnen helfen. Möglicherweise haben Sie manchmal sogar

den Eindruck, von E-Mails überflutet zu werden. In diesem Kapitel werden Sie sicherlich viele Anregungen finden, um mit E-Mails entspannter umzugehen.

Ein System für alle Fälle

Mein bester Rat für Sie lautet: Verwenden Sie auf sämtlichen Ebenen dasselbe Ablagesystem. Egal, ob in der Papierwelt oder in der digitalen Welt. Und bilden Sie dieses Ablagesystem auch in Ihrem E-Mail-Programm nach. Sie werden dann an drei Stellen identische „Ordner" finden: Erstens ganz klassisch die Ablage auf dem Schreibtisch und den Leitz-Ordner im Büroschrank. Dann einen digitalen Ordner im Dateimanager Ihres Rechners, sprich: Windows Explorer oder Apple Finder. Schließlich einen weiteren Ordner in der Ordnerleiste Ihres E-Mail-Programms.

> **TIPP:**
> Lassen Sie sich am besten von einem Profi beraten, um an Ihrem Schreibtisch bzw. in Ihrem Büro ein optimales Ablagesystem zu schaffen. Diese Investition lohnt sich, denn am Ende werden Sie viel Zeit sparen.

Angenommen, in Ihrem Büro gibt es einen Leitz-Ordner „Anwälte". Dort heften Sie oder Ihre Assistenz seit Jahren die Briefe und Faxe Ihrer Anwaltskanzlei ab. Erhalten Sie nun von der Kanzlei eine wichtige E-Mail, so verschieben Sie diese noch am selben Tag in einen Ordner in Microsoft Outlook oder Apple Mail, der ebenfalls „Anwälte" heißt. Falls die E-Mail einen Dateianhang enthält, beispielsweise mit einem Vertragsentwurf, so speichern Sie diesen in einem digitalen Ordner auf Ihrer Festplatte oder einem Server, der wiederum „Anwälte" benannt ist. So findet sich schließlich alles, was mit Ihren Anwälten zu tun hat, an drei identisch benannten Ablageorten.

Im Dateimanager sind Sie es wahrscheinlich längst gewohnt, mit Ordnern und Unterordnern zu arbeiten. Das machen Sie im Mailprogramm exakt genauso. So könnte zum Beispiel der Ordner „Interessenten" die Unterordner „Aktiv" und „Inaktiv" enthalten. Die E-Mails von Interessenten, mit denen Sie lange keinen Kontakt mehr hatten, sind dann in einem anderen Ordner als die Nachrichten Ihrer aktiven Kontakte und rauben Ihnen nicht den Überblick. Das Schöne an der digitalen Welt ist ja, dass sich alles so einfach umbauen lässt. Wird ein Interessent reaktiviert, so kommt er sowohl im Mailprogramm als auch im Dateimanager wieder in den Unterordner für aktive Interessenten.

TIPP:
Die Basics des Zeit- und Office-Managements gelten auch digital. Lassen Sie sich von Autoren wie Brian Tracy, David Allen, Lothar J. Seiwert, Tiki Küstenmacher oder Jürgen Kurz inspirieren.

Ihre maßgeschneiderte Ordnungsstruktur

Wie Ihre Struktur am Ende aussieht, hängt stark von Ihrem Aufgabengebiet sowie Ihren persönlichen Vorlieben ab. Im Vertrieb werden Sie sich stark an Kunden und Kundenbeziehungen orientieren, im Projektmanagement mehr aufgabenbezogen sortieren. Wenn bestimmte Personen für Sie höchste Priorität haben – beispielsweise Ihr Vorgesetzter in der Linienorganisation oder Ihre wichtigsten Kunden –, dann können Sie für diese „VIP-Ordner" einrichten. Ich selbst habe als oberste Ebene meiner Ablagestruktur die vier Lebensbereiche des LIFE-Prinzips (siehe Kasten) gewählt. Genauso gut können auch Sie die Wichtigkeit zum obersten Ordnungsprinzip machen. Dann sortieren Sie zum Beispiel jede eingehende E-Mail zunächst einmal nach „wichtig" oder „nicht so wichtig" oder „Info bzw. Werbung".

LIFE – Vier Lebensbereiche als Ordnungsstruktur

Wenn Sie sowohl berufliche als auch private E-Mails in einem einzigen Mailprogramm verwalten, kann es sinnvoll sein, Ihre Mails nach Lebensbereichen zu sortieren. Ein Beispiel dafür ist das LIFE-Prinzip. LIFE steht für:

L wie Leistung
Hierhin gehören alle E-Mails, die mit Ihrem Beruf, Ihren Finanzen und organisatorischen Themen zu tun haben.

Alles eine Frage der Struktur

I wie Ich
Hierher gehört alles, was Ihnen persönlich wichtig ist und Sie in Balance hält: Fitness, Gesundheit, Sport, Kunst und Kultur usw.

F wie Family & Friends
Hier sortieren Sie sämtliche E-Mails ein, die Sie mit Ihrer Familie und Ihrem Freundes- und Bekanntenkreis austauschen.

E wie Entwicklung
Schließlich gibt es einen Ordner auf der obersten Ebene für Fortbildung, Publikationen, MBA oder Promotion, Fachlektüre usw.

Ich weiß, dass gerade ältere Führungskräfte sich mit dem Thema Ablagesystem manchmal quälen. Sie sind in einer Welt groß geworden, in der „Lochen und Heften" Aufgabe der Assistenz war. Die Digitalisierung mit ihren personalisierten Endgeräten hat es jedoch mit sich gebracht, dass Führungskräfte – bis hin zu Topmanagern – mehr als früher direkt und persönlich kommunizieren. Doch wer selbst kommuniziert, muss auch selbst Ordnung halten! Nehmen Sie sich am besten etwas Zeit, sich mit Ihrer Assistenz auf ein Ordnungssystem zu einigen. Zum Thema „Zusammenspiel mit der Assistenz" finden Sie in diesem Buch noch ein eigenes Kapitel.

Positive Gewohnheiten im Umgang mit E-Mails

Neulich las ich diesen Spruch: „Ordnung ist das halbe Leben – woraus mag die andere Hälfte bestehen?" Ich verrate Ihnen die Antwort: Sie besteht aus positiven Gewohnheiten. Ein smartes Ordnungssystem ist die eine Hälfte im Kampf gegen die E-Mail-Flut. Die andere Hälfte besteht aus dem richtigen Umgang mit Mails. Führungskräfte sind auch nur Menschen, haben angenehme und weniger angenehme Aufgaben zu bewältigen und lassen sich auch schon mal ablenken. Leider erinnern viele Endgeräte an einen Flipperautomaten: Bei jeder neuen E-Mail oder Chat-Nachricht leuchtet, blinkt, gongt oder ploppt es.

Das Gerät verlangt nach Ihrer Aufmerksamkeit – und wenn Sie gerade in der Stimmung sind, geben Sie dem Impuls nach und schauen mal, wer Ihnen geschrieben hat. Ich kenne gestandene Manager, die ständig mit ihrem Smartphone „daddeln". Die Folge ist der berüchtigte Sägezahn-Effekt: Mit jeder Ablenkung durch eine E-Mail bricht Ihre Konzentration ein. Es kann dann mehr als 20 Minuten dauern, bis Sie Ihre volle Konzentration wieder aufgebaut haben. Mit der nächsten Mail, die Sie anschauen, bricht die Konzentration dann erneut zusammen. Irgendwann sind Sie im „Facebook-Modus", reagieren ständig auf eingehende Nachrichten und werden immer unkonzentrierter.

Schluss mit der ständigen Aufmerksamkeit für E-Mails!

Wenn Sie den Sägezahn-Effekt vermeiden wollen, lautet die oberste Regel: Schluss mit der permanenten Aufmerksamkeit für E-Mails! Schalten Sie die Push-E-Mail-Funktion aus. Deaktivieren Sie sämtliche elektronischen „Helfer", die E-Mails automatisch abrufen und mit Symbolen und Sounds darauf hinweisen. Statt automatisch über die Push-Funktion rufen Sie E-Mails in Zukunft ausschließlich manuell ab. Egal, ob auf dem Rechner, Tablet oder Smartphone: Sie bestimmen, wann E-Mails hereinkommen, und niemand sonst. Manche Führungskräfte atmen regelrecht auf, nachdem sie es endlich „geschafft" haben, die Push-E-Mail-Funktion bei sämtlichen Geräten auszuschalten.

> **TIPP:**
> Die eingeschaltete Push-Funktion hat im Ausland einen weiteren Nachteil: Es entstehen hohe Roaming-Gebühren. Darum: Loggen Sie sich im Ausland erst in ein WLAN ein, bevor Sie Mails abrufen.

Als Nächstes fragen Sie sich: Wie oft erfordert es Ihr Job, dass Sie E-Mails bearbeiten? Ich behaupte: Für die allermeisten Führungskräfte ist ein Mal täglich vollkommen ausreichend. Bearbeiten Sie Ihre E-Mails ab sofort in einem täglichen Arbeitsblock statt ständig zwischendurch. Sollte das tatsächlich nicht ausreichen, dann planen Sie zwei E-Mail-Arbeitsblöcke pro Tag ein. Denken Sie aber auch darüber nach, ob es nicht genügen könnte, jeden zweiten Tag E-Mails zu beantworten.

Einige Führungskräfte können sich so etwas überhaupt nicht mehr vorstellen. Aber fragen Sie sich selbst einmal kritisch: Wie viele E-Mails erfordern wirklich Ihre Reaktion noch am selben Tag? Und wenn es wirklich einmal „brennt" – werden Sie dann nicht zusätzlich angerufen oder persönlich benachrichtigt? Timothy Ferriss, Autor des Weltbestsellers „Die 4-Stunden-Woche", checkt seine E-Mails sogar nur ein Mal pro Woche. In der übrigen Zeit aktiviert er einen Autoresponder. Das ist radikal – aber auch ein Denkanstoß. Wie oft mailen ist für Sie oft genug?

Die richtigen Zeiten für E-Mails

Egal, für wie viele E-Mail-Arbeitsblöcke pro Tag oder Woche Sie sich entscheiden: Bearbeiten Sie niemals E-Mails am Vormittag. Einer der größten Fehler im Umgang mit E-Mails besteht darin, morgens als Erstes das Mailprogramm zu öffnen. Vormittags hat der Mensch seine höchste Konzentrationsfähigkeit. E-Mails zu bearbeiten ist jedoch weder eine Aufgabe, die höchste Konzentration erfordert, noch eine so unangenehme Pflicht, dass sie als Erstes erledigt werden sollte. Außerdem starten Sie mit E-Mails den Tag im Reaktions- statt im Aktionsmodus.

> **TIPP:**
> Speichern Sie Ihre E-Mails zunächst als Entwurf und versenden Sie alle am Ende Ihres Arbeitsblocks. So vermeiden Sie jede Hektik.

Also lesen Sie Ihre Mails zu Zeiten, in denen Sie ohnehin weniger konzentriert sind. Mein Rat: Bearbeiten Sie E-Mails am frühen Abend als vorletzte Aufgabe. Danach planen Sie nur noch Ihren nächsten Tag. Angenehmer Nebeneffekt: Sie verhindern das nervtötende „E-Mail-Ping-Pong", bei dem Ihnen Ihr Adressat sofort einen Einzeiler zurückschickt, worauf Sie wieder reagieren, dann sofort wieder einen Kommentar zurückbekommen und so weiter. Haben Sie Lust zu chatten? Das ist okay, aber dann verabreden Sie sich doch bewusst zu einem Chat, beispielsweise über Facebook, Google+ oder Skype. Die E-Mail ist, wie der Name schon sagt, „elektronische Post" und sollte im Business dem Austausch von relevanten Informationen dienen.

Sollte es Ihr Job tatsächlich erfordern, auch tagsüber per E-Mail erreichbar zu sein – beispielsweise für Kunden oder Projektmitarbeiter –, dann legen Sie einen zweiten Arbeitsblock am besten in die Zeit nach dem Mittagessen. Auch das ist eine Phase, in der die wenigsten Menschen voll leistungsfähig sind. Für E-Mails ist „halbe Kraft" jedoch immer genug Leistung. Das Mailen zu leistungsschwächeren Zeiten hat sogar den Vorteil, dass Sie nicht mehr Energie als nötig in Ihre Mails investieren.

BNM – die BeNiMm-Regel im Umgang mit E-Mails

1. **B**lockweise bearbeiten – statt ständig zwischendurch.
2. **N**iemals am Vormittag E-Mails!
3. **M**aximal ein bis zwei Mal pro Tag E-Mails bearbeiten.

Eine Ausnahme von den hier beschriebenen Gewohnheiten gibt es: Nutzen Sie Reise- und Wartezeiten für Ihre E-Mails. Wenn Sie am Flughafen auf den Abflug warten oder in einem ICE sitzen, bietet es sich an, die Zeit zum Bearbeiten von E-Mails zu nutzen. Ob Sie dafür ein Ultrabook, ein Smartphone oder ein Tablet verwenden, ist Geschmackssache. Nutzen Sie das Exchange-Protokoll, um sämtliche Ordner auf allen Geräten zu synchronisieren. Mehr dazu am Schluss dieses Kapitels. Auch unterwegs gilt: Lassen Sie sich nicht ablenken! Checken Sie nicht in jeder Warteschlange E-Mails, sondern nur, wenn Sie genügend Zeit für einen Arbeitsblock haben.

E-Mails im Urlaub: am besten konsequent offline

Die Comicfigur „Alex", mit der die Cartoonisten Charles Peattie und Russell Taylor die Marotten Londoner Banker aufs Korn nehmen, checkt in jedem Urlaub permanent E-Mails. Egal, ob vor der Rialtobrücke in Venedig oder am Südseestrand – stets ist Alex' Aufmerksamkeit einzig und allein auf sein Smartphone gerichtet. So bekommt er kaum mit, dass er überhaupt im Urlaub ist. So weit haben es natürlich die wenigsten Führungskräfte kommen lassen. Aber mal ehrlich: Sind Sie im Urlaub wirklich „offline"? Und falls Sie doch Mails lesen sollten: Haben Sie sich bewusst dafür entschieden?

Mein Trainerkollege Dirk Abels ist da konsequent: Keine E-Mails im Urlaub. Und siehe da – es geht! Wenn Sie während Urlaubs- und Auszeiten auf E-Mails verzichten, um den Erholungseffekt zu steigern, sollten Sie das rechtzeitig an andere kommunizieren. Dirk Abels ruft vor jedem Urlaub seine wichtigsten Kunden und Partner an, informiert sie über seine Urlaubszeit, fragt, ob es noch etwas Wichtiges zu besprechen gibt, und kündigt an, dass er während seiner Urlaubszeit nicht erreichbar sein wird. Perfekt!

Während des Urlaubs sollten Sie auf jeden Fall einen Autoresponder mit dem Datum Ihrer Rückkehr eingeschaltet haben. Die besten Autoresponder senden eine Benachrichtigung an jeden Empfänger nur ein Mal. Leider hängt es vom Provider ab, ob das möglich ist. Eine elegante Alternative – oder auch Ergänzung – zum Autoresponder besteht darin, einige Wochen vor dem Urlaub einen Hinweis auf Ihre Urlaubszeit in die Mailsignatur einzubauen. Die automatische Nachricht kommt für Ihre Kontakte dann nicht überraschend, sondern erinnert diese lediglich an Ihre Urlaubszeit.

Routinen, Regeln und Standards für mehr Effizienz

TIPP:
Machen Sie einen „Termin mit sich selbst", wenn Sie ungestört von E-Mails und Anrufen arbeiten möchten. Sie finden keinen ruhigen Ort? Dann reservieren Sie doch einfach einen Konferenzraum für sich allein!

Als ich selbst noch angestellter Manager war, hatte ich einmal einen Vorgesetzten, der auf jede seiner E-Mails eine prompte Antwort erwartete. Nachdem ich ihm zu verstehen gegeben hatte, dazu sei ich nicht bereit, sagte er: „Es kann doch nicht sein, dass Sie im Büro sitzen und nicht erreichbar sind!" Daraufhin fragte ich ihn, ob er mich als Geschäftsführer eines Tochterunternehmens möchte oder als dessen bestbezahlter Servicemitarbeiter eingestellt hat. So kehrte Ruhe ein. Und ich konnte mich wieder auf meine wichtigen Aufgaben konzentrieren. Manchmal muss man seine Vorgesetzten, Kunden und Partner eben auch ein wenig „erziehen".

Zu wenige Führungskräfte, die unter der E-Mail-Flut leiden, machen sich ausreichend bewusst, dass sie mit ihrem eigenen Verhalten das Verhalten ihrer Kommunikationspartner entscheidend beeinflussen. Dabei ist doch klar: Wenn Sie allen binnen einer Stunde antworten, werden Ihre Kunden, Mitarbeiter oder Partner das irgendwann wie selbstverständlich von Ihnen erwarten. Ein klassischer „Lerneffekt". Umgekehrt werden sich Ihre Kommunikationspartner darauf einstellen, wenn sie wissen, dass Sie nur abends E-Mails beantworten. Viel überflüssiger Mailverkehr entsteht allein aufgrund der Erwartung, dass jemand sofort antwortet. Sobald Sie diese Erwartung nicht mehr bedienen, wird sich auch das Verhalten der anderen schrittweise verändern.

Ein solches „Erwartungsmanagement" können Sie sogar durch die Art und Weise betreiben, wie Sie E-Mails formulieren. Wenn Sie auf „seitenlange" E-Mails kurz und knapp antworten, vergeht den allermeisten Menschen die Lust, Ihnen in epischer Breite zu schreiben, und sie kommen schneller zum Punkt. Auch aussagekräftige Betreffzeilen, in denen wirklich steht, worum es geht – und nicht bloß „Termin", „Projekt" oder „Ihr Anruf" –, wirken zumindest manchmal „ansteckend". Schreiben Sie Ihre E-Mails an andere einfach so, wie Sie selbst E-Mails erhalten möchten. Möglicherweise werden Sie überrascht sein, welchen Resonanzeffekt Sie mit der Zeit erzielen.

Die wichtigste Routine: löschen, löschen, löschen

Berechenbare Standards steigern generell Ihre persönliche Effizienz. Je mehr sinnvolle Regeln und Routinen Sie sich schaffen, desto müheloser werden Sie das tägliche Mail-Aufkommen am Ende bewältigen. Die wichtigste aller Routinen lautet: löschen, löschen und nochmals löschen. Die meisten meiner Seminarteilnehmer löschen viel zu wenig, sodass ihr Posteingang und ihre Ordner ständig verstopft sind. Beginnen Sie jede Bearbeitungsphase Ihrer E-Mails damit, alles zu löschen, was sofort gelöscht werden kann. Dazu zählen uninteressante Werbe-Mails, Danksagungen, Grüße, Glückwünsche, kurz: alles, was sich schon dadurch erledigt, dass Sie es zur Kenntnis nehmen.

Schauen Sie dann nach E-Mails, die Sie innerhalb von zwei Minuten fallabschließend bearbeiten und danach löschen können. Beispiel: Sie beantworten eine Terminanfrage positiv, tragen den Termin in Ihren Kalender ein und löschen anschließend sowohl die Anfrage als auch Ihre Antwort aus dem Ordner „Gesendet". Gelöscht gehört auch jede ältere Version einer „Unterhaltung". Eine Unterhaltung besteht aus E-Mails, die mit derselben Betreffzeile hin- und hergeschickt wurden, wobei der ältere Text unten zitiert ist. Sie benötigen stets nur die aktuellste Version einer Unterhaltung, da der Rest ja als Zitat enthalten ist.

Aber Achtung: Die aktuellste Version einer Unterhaltung ist immer diejenige, die Sie gerade selbst gesendet haben. Löschen Sie also die eingegangene Mail und legen Sie Ihre Antwort ab. Sobald Sie diese in einen Ordner verschieben, löschen Sie dort die ältere Version der Unterhaltung.

> **TIPP:**
> Bestellen Sie Newsletter ab, die Sie nie lesen. Seriöse Newsletter enthalten einen Link zum Abbestellen. Deaktivieren Sie auch automatische Benachrichtigungen von Xing, Facebook & Co.

Diese E-Mails sollten Sie täglich löschen:

- Kurze Benachrichtigungen, die der schnellen Information dienen (zum Beispiel Terminverschiebungen, Danksagungen, Empfangsbestätigungen)
- Ältere Versionen von E-Mail-Unterhaltungen, wenn Sie deren aktuellen Stand gerade abgelegt haben
- Überflüssige Kopien („CCs"), die für Sie nicht wichtig sind
- Autoresponder-Nachrichten, Status-Updates (etwa von Amazon: „Ihre Bestellung wurde verschickt"), Geburtstagserinnerungen (etwa von Xing)
- Newsletter, die Sie schnell gescannt haben; Werbung, die Sie nicht interessiert

Alles ablegen – sofort und an die richtige Stelle

Intuitiv neigen die meisten Menschen dazu, empfangene E-Mails wichtiger einzustufen als gesendete. Schließlich heftet man in der Papierwelt die eingegangene Post ab und – logischerweise – nicht die versendete. Bei Ihren E-Mails enthält jede gesendete Mail jedoch die Ursprungs-Mail als Zitat. Das ist zumindest die Standardeinstellung der Mailprogramme. Deshalb können Sie sich beim Archivieren auf den Ordner „Gesendete Objekte" konzentrieren und die meisten eingegangenen E-Mails löschen. Eingegangene E-Mails archivieren Sie nur dann, wenn Sie nicht darauf geantwortet haben. Dateianhänge speichern Sie an einem geeigneten Ort in Ihrer regulären Ordnerstruktur, bevor Sie die E-Mail löschen. Es sei denn, Sie benötigen den Anhang nie wieder. Dann gehört er selbstverständlich gelöscht.

TIPP:
Beenden Sie die „CC-Manie"! Verschicken Sie nur Kopien, wenn unbedingt nötig. Legen Sie erhaltene Kopien in einem Ordner „CC" ab – oder löschen Sie diese sofort.

Das Ziel sämtlichen Löschens und Archivierens: Jeden Abend sind Ihre Ordner „Posteingang" und „Gesendete Objekte" leer. Sie haben nämlich jede E-Mail entweder ungelesen gelöscht, bearbeitet und anschließend gelöscht oder an den richtigen Ort verschoben. Und jetzt mal ehrlich: Das fühlt sich doch richtig gut an! Sie verlassen Ihr digitales Postamt blitzsauber aufgeräumt. Übrigens: Wartezeiten am Flughafen sowie Bahn- oder Taxifahrten eignen sich nicht nur, um E-Mails zu lesen und zu beantworten, sondern auch, um alte und überflüssige Mails auszusortieren und zu löschen.

Den Überblick behalten und auf allen Geräten synchron sein

Was ist nun, wenn mit eingehenden E-Mails größere Aufgaben verbunden sind? Sie können dann nicht innerhalb von zwei Minuten alles erledigen und die Mail wieder löschen. Auch in diesem Fall lassen Sie die E-Mail nicht einfach im Posteingang liegen. Legen Sie einen To-do-Ordner für Aufgaben an, die Planung erfordern. Am besten richten Sie darin noch einmal Unterordner ein, und zwar absteigend nach Dringlichkeit. Also beispielsweise: „Heute", „Diese Woche", „Nächste Woche", „Später" und „Irgendwann". Klar, dass Sie diese Ordner täglich sichten und bei Bedarf umsortieren. Was eine Woche später noch im Ordner „Nächste Woche" liegt, gehört dann in „Diese Woche" verschoben.

> **TIPP:**
> Firmenintern und an vertraute Kunden und Partner können Sie – nach Absprache! – „Morse-Mails" schicken, die nur aus der Betreffzeile mit dem angehängten Kürzel „EOM" (für „end of message") bestehen. Sie lassen sich schnell erfassen und sofort wieder löschen.

Apropos Aufgaben: Ein amerikanisches Sprichwort lautet „Eat the Frog". Das will heißen: Wer morgens nach dem Aufstehen als Erstes eine Kröte schluckt, hat das Schlimmste, was ihm an diesem Tag passieren konnte, schon hinter sich. Der Businessguru Brian Tracy leitet daraus die Regel ab: Beginne jeden Arbeitstag mit der schwierigsten und wichtigsten Aufgabe. Da Sie ja morgens keine neuen E-Mails abrufen, können Sie sich ungestört der unangenehmsten Aufgabe aus Ihrem To-do-Ordner widmen.

Ist E-Mail immer das richtige Medium?

- E-Mail ist zu einem so selbstverständlichen Bestandteil des Geschäftslebens geworden, dass einige lieber 25-mal hin und her mailen als einmal zu telefonieren. Überlegen Sie lieber vor jeder E-Mail, die Sie schreiben, ob ein anderes Medium besser wäre.
- Sich abzustimmen funktioniert immer noch am besten telefonisch. Schlagen Sie per E-Mail einen Telefontermin vor, statt hin und her zu mailen.
- Für die jüngere Generation ist SMS keine Privatsache mehr – sondern eine Alternative für direkte und persönliche Nachrichten.
- Immer mehr große Unternehmen nutzen interne Chats, Foren und Wikis.
- Die Briefpost ist noch lange nicht tot: Stilvolle Grüße zum Geburtstag oder zu Jubiläen schreiben Sie am besten per Hand auf eine Karte statt per E-Mail. Alternativ rufen Sie an.

- Auch wenn es banal klingt: Sollten Sie eine Person übermorgen persönlich treffen, müssen Sie ihr dann heute noch eine E-Mail schreiben?

Wenn Sie in einem größeren Unternehmen mit IT-Netzwerk arbeiten, dann kennen Sie wahrscheinlich Microsoft Exchange. Der Exchange Server sorgt – vereinfacht gesagt – dafür, dass alle Outlook-Daten bei sämtlichen Mitarbeitern up to date sind und jeder jederzeit auf das zugreifen kann, was er braucht. Wenn Sie für Ihre E-Mails kein Exchange, sondern den gebräuchlichen POP-Standard nutzen und häufig unterwegs vom Tablet oder Smartphone aus mailen, dann kennen Sie folgendes Problem: Ihre gesendeten Mails landen im Ordner „Gesendet" des Endgeräts und sind auf dem Rechner am Schreibtisch nicht verfügbar. Eine gängige „Krücke" ist hier die Blindkopie (BCC) an sich selbst – doch das steigert Ihr Mail-Aufkommen nur noch weiter.

TIPP:
Mit Kerio Connect existiert eine Exchange-Alternative für kleine und mittelständische Unternehmen. Infos unter 2

Die Lösung heißt: mit Exchange arbeiten. Microsoft Exchange ist ein für Drittanbieter offener Standard. Sie können mit Exchange Ihre E-Mails (und übrigen Outlook-Daten) auf allen Geräten synchronisieren. Bei größeren Unternehmen rechnet sich ein eigener Exchange-Server. Eine preiswerte Alternative ist ein Vertrag mit einem Service-Provider, wie Kerio, der Ihnen ein „gehostetes" Exchange zur Verfügung stellt. Das kostet im Monat pro Nutzer unter 10 Euro. Mit einem Produkt wie Kerio Connect sind Ihre Ordner und E-Mails auf sämtlichen Geräten synchron – und das unabhängig vom Betriebssystem. Sie können Windows, Apple OS und iOS sowie Android in jeder beliebigen Kombination auf Ihren Geräten verwenden.

Fazit: Die E-Mail-Flut ist beherrschbar – doch Sie sind am Zug: Schaffen Sie optimale Strukturen, gewöhnen Sie sich an Spielregeln, nutzen Sie die richtigen Zeiten und lassen Sie sich von smarter Software unterstützen.

2 Effiziente Meetings

Das Wichtigste im Überblick

→ Terminfindung über Exchange oder Doodle ist hoch effizient.
→ Gemeinsame Dokumente vereinfachen die Vorbereitung.
→ Ohne verteilte Verantwortung ist kein geordneter Ablauf des Meetings möglich.
→ Agenda, Protokoll, Nachbereitung – am besten alles digital.
→ Video- und Audiokonferenzen sparen Zeit und Ressourcen.

„Wir meeten uns zu Tode" – das ist die trostlose Erkenntnis vieler Manager. Der Autor Martin Wehrle zitiert in *Die Zeit* eine Umfrage unter 800 Führungskräften im deutschsprachigen Raum, die ergab: „Sieben von zehn Teilnehmern halten Meetings für schlecht vorbereitet. Sechs von zehn sagen, Meetings verzögerten Arbeitsabläufe. Und jeder Zweite sieht Verantwortlichkeiten nur unzureichend geklärt." (*Die Zeit* Nr. 20 vom 12.05.2011). Als ob das nicht genug wäre, werden in Meetings gefasste Beschlüsse – nach meiner eigenen Management-Erfahrung – oft nur unzureichend umgesetzt. Kaum hat man begonnen, den Worten Taten folgen zu lassen, trifft man sich schon wieder bei Kaffee und überzuckerten Keksen. Jedes dieser Meetings muss aufwendig geplant werden.

Die Meeting-Unkultur erinnert mich an eine Beobachtung meines Beraterkollegen Jürgen Kurz: Unsere Produktionshallen seien dank Hightech und Lean Management hoch effizient, aber in unseren Büros gehe es zu wie im 19. Jahrhundert. In diesem Kapitel möchte ich Ihnen zeigen, wie Sie Ihre Meetings im 21. Jahrhundert stattfinden lassen. Dazu gehört, überflüssige Besprechungen komplett zu streichen, notwendige Meetings straff zu organisieren und zielgerichtet durchzuführen sowie die Möglichkeiten neuer Technologien tatsächlich auszuschöpfen. So manche Tools, beispielsweise zur Terminplanung, gibt es zwar schon seit gut zehn Jahren. Aber sie werden im Businessalltag noch viel zu wenig genutzt.

> **TIPP:**
> Viele, die mit Outlook und Exchange arbeiten, kennen gerade einmal die Basisfunktionen. Eine Schulung oder ein gutes Handbuch helfen, die Möglichkeiten effizienter Organisation über Outlook auch wirklich zu nutzen.

Planung und Vorbereitung ohne Zeitverlust

Unternehmen, die mit Outlook und Exchange Server arbeiten, sind für die effiziente Planung und Vereinbarung interner Meetings bestens gerüstet. Leider wird immer noch viel zu oft zum Telefon gegriffen, gemailt oder an den Schreibtischen in Papierkalendern geblättert. So verbringen manche Führungskräfte und Assistenten mehrere Stunden pro Woche allein mit der Terminfindung für Meetings. Wer die automatischen Besprechungsanfragen über Outlook und Exchange verwendet, kann diese Zeit sinnvoller nutzen. Voraussetzung ist, dass alle Mitarbeiter ihre Kalender elektronisch führen und immer up to date halten. Microsoft Outlook mit Exchange ist hier nur die verbreitetste „Groupware". Mit Software von Apple oder mit Open-Source-Lösungen lassen sich nahezu identische Umgebungen schaffen.

Terminvereinbarung mit Exchange oder Online-Diensten

Das Grundprinzip ist stets dasselbe: Sämtliche Personen, die für Meetings in Frage kommen, gewähren einander Lesezugriff auf ihre Kalender. Dabei kann jeder entscheiden, ob die anderen den konkreten Termineintrag sehen sollen oder lediglich Zeiten als „belegt" oder „frei" angezeigt bekommen. Hat der Organisator einer Besprechung Lesezugriff auf die Kalender sämtlicher Teilnehmer, so kann er die Software einen Termin finden lassen, der noch bei niemandem belegt ist. Startet er dann eine Besprechungsanfrage, so erhalten alle Teilnehmenden eine E-Mail mit einer Schaltfläche, über die sich die Anfrage akzeptieren lässt. Der Termin wird automatisch in den Kalender jedes Teilnehmers ein-getragen, der die Anfrage akzeptiert hat. Und der Organisator kann jederzeit eine Übersicht aller Zu- oder Absagen aufrufen.

Eine unkomplizierte Alternative zur unternehmensinternen Groupware, mit der sich auch externe Teilnehmer einbinden lassen, ist der Schweizer Online-Dienst Doodle. Er lässt sich in der Basisversion kostenlos und anonym – also ohne Registrierung – von jedem Webbrowser aus nutzen. Die Terminfindung erfolgt bei Doodle nach dem Prinzip der Online-Umfrage. Der Organisator macht eine Reihe von Terminvorschlägen, die Doodle in einer Tabelle darstellt. Die Teilnehmer erhalten dann den Link zur Tabelle, tragen selbstständig ihren Namen ein und klicken die Termine an, die für sie in Frage kommen. Am Ende sieht der Organisator, an welchem Termin alle oder die meisten Personen verfügbar sind und lädt zu diesem Termin per E-Mail ein.

„Steinzeit am Arbeitsplatz?"

Unter dieser Überschrift veröffentlichte der Schweizer Online-Dienst Doodle 2010 eine Umfrage, für die das Unternehmen 1.500 Manager und Office-Manager in Deutschland, Frankreich und den USA befragen ließ. Ergebnis: Im Durchschnitt werden pro Woche neun Meetings mit sieben Teilnehmern vereinbart. Die Planung kostet die Befragten wöchentlich vier Stunden Zeit. Knapp ein Viertel gab sogar an, sieben Stunden oder mehr mit der Terminkoordination beschäftigt zu sein.

Diese Zahlen sind einfach zu erklären: 53 Prozent der Befragten bauen immer noch auf Telefon und E-Mail für die Planung von Meetings. 80 Prozent geben an, dass die Teilnehmer ihrer Meetings unterschiedliche Kalender-Systeme nutzen, die sich nicht aufeinander abstimmen lassen. Und nur ein Prozent der Befragten nutzt smarte Terminfindungs-Dienste wie Doodle. Die Doodle-Nutzer brauchen aber nur halb so viel Zeit für die wöchentliche Planung von Meetings wie der Durchschnitt der Befragten.

Doodle ist zwar der bekannteste, aber nicht der einzige Anbieter von Terminfindungsdiensten im Web. Alternativen sind zum Beispiel Dudle (von der TU Dresden) oder ScheduleOnce.

Perfekt vorbereitet ins Meeting

„Schäuble rastet aus" – unter solchen Überschriften kursierte 2011 ein Video auf YouTube. Hintergrund: Der Finanzminister der Regierung Merkel war sauer, weil die Teilnehmer einer Pressekonferenz nicht die aktuellen Unterlagen in der Hand hatten. Das, wofür der Politiker seinen Pressesprecher vor laufenden Kameras zusammenfaltete, findet täglich zu Beginn unzähliger Meetings statt: Haben alle die aktuellen Unterlagen? Kam da vor 15 Minuten noch eine E-Mail mit einem Update? Oh, sorry – übersehen und nicht ausgedruckt ...

Mit gemeinsamen Verzeichnissen und einheitlichen elektronischen Dokumenten lassen sich solche Pannen vermeiden. Stellen Sie sich vor, es ist wenige Minuten vor dem Beginn des Meetings und Sie sitzen bereits im Konferenzraum. Mit Ihrem iPad gehen Sie entspannt über das WLAN noch einmal auf den Ordner für das Meeting im gemeinsamen Verzeichnis. Sofort haben Sie die Agenda und die Anlagen mit den aktuellsten Zahlen wieder im Blick. So einfach kann es sein. Doch auch, wenn Sie nach wie vor Papierunterlagen bevorzugen, sollten Sie mit gemeinsamen Dokumenten arbeiten, statt unterschiedliche Dateiversionen per E-Mail hin- und herzuschicken.

> Fortschrittliche Unternehmen richten zunehmend Unternehmens-„Wikis" ein. Diese vom Online-Lexikon Wikipedia bekannte Form der für alle „offenen" Website ist dann Intranet, Wissensspeicher, Diskussionsforum und zentrales Ablagesystem für Dokumente in einem. Die technische Basis liefern Firmen wie Twoonix.

Im Unternehmens-Intranet sieht die Lösung so aus, dass sämtliche Teilnehmer des Meetings Zugriff auf den Dateiordner bekommen, in dem die Agenda – bitte immer mit Zeitplan! – sowie sämtliche Infos und Unterlagen auf dem Server abgelegt sind. Der Organisator verschickt nie Unterlagen, sondern hält die Dokumente im gemeinsamen Ordner aktuell. Die Teilnehmenden sind selbst dafür verantwortlich, sich vor

> **TIPP:**
> Auf der Website von Dropbox können Sie ein Konto anlegen und das Programm herunterladen. Es handelt sich um ein „Freemium"-Angebot mit verschlankter Gratisversion plus kostenpflichtiger Premium-Variante. Infos unter 3
>
>

dem Meeting mit sämtlichen Unterlagen zu versorgen. Bei kurzfristigen Aktualisierungen kann der Organisator den Teilnehmern eventuell per „Morse-E-Mail" (siehe Kapitel 1) den Hinweis geben: „Aktualisierte Fassung der Agenda liegt auf dem Server – EOM".

Auch hier gibt es wieder eine plattformunabhängige Alternative über das Web. Mit Diensten wie Dropbox sind Zugriffsrechte auf Ordner problemlos auch für Externe möglich. Die Teilnehmer des Meetings können ihre Unterlagen über den Webbrowser von jedem beliebigen Rechner mit Internet-Anschluss aus abrufen und herunterladen. Die Idee zu Dropbox hatte der Amerikaner Drew Houston Ende 2006, als er seinen USB-Stick zu Hause vergessen hatte und nicht an seine Daten kam. Dropbox lässt sich heute sowohl als Programm unter nahezu allen Betriebssystemen auf dem Rechner installieren als auch über den Webbrowser nutzen. Legen Sie ein Dokument in dem Ordner „Dropbox" auf Ihrem Rechner ab, so werden sämtliche Änderungen mit dem Server bei Dropbox aktualisiert. Ihre Meeting-Teilnehmer laden von dort immer automatisch die neueste Dateiversion herunter.

Office 365 von Microsoft schließlich bietet eine elegante Möglichkeit, die Welt des Intranets bzw. der internen Server und die Welt der Web-Services miteinander zu verknüpfen. Die Grundidee von Office 365 besteht darin, sämtliche Bürosoftware in die „Cloud" (= zu besonders gesicherten Servern des Anbieters) zu verlagern. Liegen sämtliche Daten einmal in der Cloud statt im Intranet, ist es ein Leichtes, Web-Zugriffe einzurichten und auch externen Nutzern Berechtigungen zuzuweisen. Einige kleine Unternehmen zum Beispiel haben sich mit Office 365 die ultimative Organisationszentrale geschaffen: Alle Fäden der Kunden, Angestellten und externen Dienstleister laufen hier ebenso zusammen wie die Terminkoordination des Chefs. Hinzu kommt die Planung sämtlicher Besprechungen. Die Dokumente sind stets auf dem aktuellen Stand und für alle Teilnehmer einer Besprechung verfügbar.

Produktive Zeit statt Sitzungs-Marathon

Nächtliche Marathon-Sitzungen gehören zum ehernen Ritual von Tarifverhandlungen und Milliardendeals. Wer solche Showeffekte für die Medien nicht braucht, sollte die kostbare Zeit eines Meetings so effizient wie möglich nutzen. Dafür ist nicht in erster Linie die Technik verantwortlich! Der Grundsatz lautet vielmehr: Die „Klassiker" der professionellen Meeting-Organisation gelten nach wie vor. Wer diese beherzigt, der kann mit neuen Technologien vieles weiter vereinfachen und beschleunigen. Wer die Spielregeln missachtet, dem nützt auch die neueste Technik nichts. Erinnern Sie sich an die eingangs zitierte Umfrage: Jeder zweite Manager im deutschsprachigen Raum sieht etwa Verantwortlichkeiten in Meetings nur unzureichend geklärt.

Eindeutige Rollenverteilung und die nötige Disziplin

Es ist und bleibt Aufgabe des Organisators eines Meetings, die Verantwortlichkeiten klar zuzuweisen. Drei Rollen sollten Sie dabei nach Möglichkeit vergeben – vor allem die des Gesamtverantwortlichen oder Moderators. Er oder sie begrüßt und verabschiedet die Teilnehmenden, ruft einzelne Tagungsordnungspunkte auf, erteilt das Wort, fasst Zwischenergebnisse mündlich zusammen und so weiter. Damit der Moderator sich ganz auf seine kommunikative Aufgabe konzentrieren kann, sollte eine weitere Person als Agenda- bzw. Timekeeper fungieren. Diese Person schreitet ein, sobald einem Tagesordnungspunkt zu viel Zeit gewidmet wird. Ein Protokollant hält schließlich die Ergebnisse fest. Würde der Moderator gleichzeitig mitschreiben, müsste er seine Aufmerksamkeit zu sehr aufteilen und würde an Präsenz verlieren.

Empfehlenswerte Rollen für jedes Meeting

1. **Moderator:** leitet die Diskussion.
2. **Timekeeper:** behält die Zeit im Blick.
3. **Protokollant:** hält Ergebnisse schriftlich fest.

> **TIPP:**
> Einen Ersatz-Beamer bereitzuhalten, hat noch keinem Meeting geschadet.

Kommt aufwändige Präsentations- oder Konferenztechnik zum Einsatz, empfiehlt es sich, zusätzlich einen Technikverantwortlichen zu benennen. Im Regelfall ist jede Person für die Technik zuständig, die sie selbst mitbringt. Sprich: Die Teilnehmer schließen ihre eigenen Computer an den im Raum befindlichen Beamer an. Es sollte dennoch klar sein, wer im „Notfall" – zum Beispiel beim Ausfall des Beamers – schnell zu Hilfe gerufen werden kann. Sonst stehen entweder alle ratlos herum oder die „Hobbytechniker" unter den Teilnehmern versuchen ihr Glück. Je komplizierter die Technik, desto mehr gilt vor dem Meeting: testen, testen, testen.

Klar sollte auch sein, dass Sie sämtliche Rollen schon vor Beginn des Meetings verteilt haben. Der Timekeeper kann sich durch spezielle Timer-Apps für Apple- oder Android-Tablets und Smartphones unterstützen lassen. Diese erlauben beispielsweise die Arbeit mit mehreren Zeitfenstern oder geben einen Hinweis, wenn die Hälfte der Zeit eines Zeitfensters abgelaufen ist. Ein Smartphone im „Flugmodus", das der Timekeeper zur Zeitmessung verwendet, sollte übrigens das einzige Mobiltelefon sein, das im Meeting erlaubt ist.

Eine Beraterkollegin geht so weit, dass sie vor Workshops sämtliche Handys der Teilnehmenden einsammelt. Jedes Telefon kommt fein säuberlich in eine jener kleinen Plastiktüten, in denen man auch Flüssigkeiten an Bord eines Flugzeugs mitnimmt. Sie wird dann mit dem Namen des Besitzers beschriftet. Wer nicht zu solch rigorosen Maßnahmen greifen möchte – oder aus hauspolitischen Gründen nicht greifen kann –, der könnte zu Beginn eines Meetings zum Beispiel auch augenzwinkernd sagen: „Bitte denken Sie daran, Ihre Handys am Schluss der Besprechung wieder einzuschalten."

Unterschiedliche Möglichkeiten beim Protokoll

Für mich gilt schon seit Jahren der strenge Grundsatz: Kein Meeting ohne Agenda vorab und Protokoll zum Schluss. Das mittlerweile schon „klassisch" zu nennende Protokoll besteht einfach aus einem Word-

Dokument, das – idealerweise innerhalb von maximal zwei Stunden nach Ende des Meetings – allen Teilnehmenden im Intranet oder über einen Web-Service zur Verfügung steht. Sie sparen Zeit und verbessern die Übersichtlichkeit, wenn Sie für die Agenda und das Protokoll dasselbe Grundgerüst verwenden. Das Protokoll ist dann das ausgefüllte „Formular", das allen bereits vor dem Meeting zur Verfügung stand (siehe Kasten). Ist Ihr Protokollant fix, dann können alle das fertige Protokoll noch in den letzten Minuten des Meetings per WLAN auf ihre Laptops oder Tablets laden.

> Microsoft Word ist nach wie vor der „Goldstandard" der Textverarbeitung. Inzwischen haben auch Apple Pages oder OpenOffice Writer im Business ihre Fans.
>
> Wenn in diesem Buch von Word-Dokumenten die Rede ist, sind solche Alternativen immer mitgemeint.

Ein elektronisches Whiteboard – auch Smartboard genannt – kann das Protokoll per Word-Dokument sinnvoll ergänzen. In einigen Fällen, insbesondere bei Kreativ-Meetings, kann es das Word-Protokoll auch komplett ersetzen. Beim Whiteboard handelt es sich um eine digitale Tafel, auf die sich Computerbilder projizieren und mit einem speziellen elektronischen Stift handschriftlich ergänzen lassen. So werden beispielsweise die Ergebnisse eines Brainstormings für einen neuen Produktnamen automatisch von der „Tafel" im Besprechungsraum in eine Datei übernommen.

Tabellarische Vorlage für Agenda und Protokoll

Hier ein Beispiel für eine einheitliche Tabelle, die vor dem Meeting als Agenda und nach dem Meeting – um die Ergebnisse ergänzt – als Protokoll zum Download bereitsteht:

Nr.	Tagesordnungspunkt	Entscheidungen	Bemerkungen	Wer macht was?	Bis wann?
1					
2					
n					

> **TIPP:**
> „Sofort" lautet das Zauberwort im Umgang mit Ergebnissen: Flipcharts sofort fotografieren, Whiteboard-Skizzen sofort speichern, die Dateien sofort bearbeiten und danach alles sofort allen anderen zugänglich machen.

Neueste Whiteboards können allerdings noch viel mehr. Sie erlauben es, einen Computer für alle im Besprechungsraum sichtbar einzusetzen und mit der Hand zu steuern. Was früher nur in James-Bond-Filmen funktionierte, kann heute jeder Mittelständler einsetzen.

Mit dem Programm Adobe Ideas können Sie elektronische Skizzen einfügen. Dies entweder auf dem Whiteboard oder auf dem Tablet, wobei sich das Bild dann per Beamer an die Wand des Besprechungsraums projizieren lässt. Die per Adobe Ideas skizzierten Vektorgrafiken lassen sich später am Schreibtisch mit den Programmen Adobe Illustrator oder Adobe Photoshop weiterentwickeln. So kann eine im Meeting schnell entstandene Skizze im Protokoll bereits als übersichtliche Grafik erscheinen. Mit der App Jot für das iPad können alle Teilnehmer sogar gleichzeitig an einem Whiteboard arbeiten. Externe haben die Möglichkeit, die Ergebnisse über das Internet zu verfolgen (Infos unter http://tabularasalabs.com oder im App-Store von Apple).

Viele Manager nutzen in Meetings immer noch am liebsten Flipchart und Edding. Dagegen ist überhaupt nichts einzuwenden, weil es unkompliziert ist und schnell geht. Kennen Sie Leitz EasyFlip? EasyFlip ist eine Folienrolle, mit der Sie Ihr „Flipchart" immer dabeihaben. Sie können die Rolle sogar als Handgepäck ins Flugzeug mitnehmen, was Ihnen mit einem herkömmlichen Flipchart kaum gelingen dürfte. Bei Bedarf reißen Sie einfach eines der selbsthaftenden Blätter ab und bringen es – ganz ohne Tesafilm – an einer Wand im Meetingraum an. Der Klebeeffekt entsteht durch elektrostatische Ladung und wirkt auf fast jedem einigermaßen glatten Untergrund.

Auch die Arbeit mit dem Flipchart wird durch digitale Helfer einfacher und effizienter. Fotografieren Sie zum Beispiel am Schluss des Meetings die Flipchart-Blätter mit Ihrem iPhone oder iPad, so können Sie diese Fotos über PhotoSync sofort auf einen lokalen Rechner oder in Dropbox, Facebook, Flickr oder Google Drive übertragen. PhotoSync gibt es im App-Store von Apple für weniger Geld als einen Kaffee bei Starbucks. Der Riesenvorteil einer solchen App: Sie können beliebig viele Fotos gleichzeitig markieren und drahtlos versenden – statt jedes einzeln per E-Mail verschicken zu müssen.

PhotoSync unterstützt auch WebDAV. Diesen sicheren Upload-Standard sollten Sie immer verwenden, wenn Sie vertrauliche Informationen ins Intranet oder in die Cloud hochladen. Die älteren Standards FTP und SFTP genügen zeitgemäßen Sicherheitsanforderungen nicht mehr. Nutzen Sie Android auf Ihrem Smartphone oder Tablet, so finden Sie mit SyncMe oder Photo Sync (diesmal in zwei Wörtern geschrieben) vergleichbare Programme. Egal, mit welcher App Sie die Fotos aus dem Meeting hochladen – Sie können eine Notizsoftware wie Evernote oder Microsoft OneNote verwenden, um die Infos allen Teilnehmern zugänglich zu machen. Nutzen Sie dafür entweder die komplette Notizsoftware gemeinsam oder vergeben Sie Zugriffsrechte für ein einzelnes Besprechungs-Notizbuch. Mit PhotoSync können Sie Fotos von Flipcharts direkt in Evernote übertragen. Mehr zu dem rundum empfehlenswerten Programm Evernote lesen Sie in Kapitel 11.

TIPP:
Auf der Website von PhotoSync können Sie das Hilfsprogramm PhotoSync Companion für PC und Mac herunterladen. Die App selbst erhalten Sie im App-Store von Apple. Mit der App und dem Companion übertragen Sie Fotos drahtlos von iPhone oder iPad auf einen Rechner. Infos unter 4

Kundenmeetings und sensible Gespräche

Es gibt Meetings, die besonderes psychologisches Fingerspitzengefühl erfordern. Dazu gehören etwa Verkaufsgespräche der Vertriebsmannschaft bei wichtigen Kunden. Ein anderes Beispiel sind Verhandlungen mit Vertretern von Banken oder Finanzinvestoren. Wo Sie gegenüber Externen einen tadellosen Eindruck hinterlassen möchten, wirkt zu viel digitaler „Schnickschnack" manchmal störend. Hier ist weniger mehr. Insbesondere bei Kundenmeetings sollte niemand auf einer Tastatur klappern. Das finden viele Kunden unhöflich und unpersönlich.

Übrigens gilt das auch bei Telefonaten oder Telefonkonferenzen mit Kunden. Das Klappern hört man am Telefon – und der Kunde bekommt unbewusst den Eindruck, dass sein Gesprächspartner mit anderen Dingen beschäftigt ist. Und unter uns: Es soll durchaus vorgekommen sein, dass Mitarbeiter in längeren Telefonkonferenzen nebenbei schnell eine Message auf Facebook geschrieben haben. Dass die heimliche Aufzeichnung eines Telefonats keine Alternative ist, sollte klar sein. Denn damit würden Sie sich strafbar machen.

Grundregel für Kundengespräche und sensible Meetings:

„So digital wie möglich, so analog wie – aus Höflichkeit und Respekt – nötig."

Einfach kapitulieren und zum Bleistift zurückkehren ist ebenfalls problematisch. Denn rein handschriftliche Notizen lassen sich nur umständlich digitalisieren und weiterverarbeiten. Ein fast schon genialer Kompromiss ist deshalb ein „Smartpen" wie der Echo Livescribe, den ich selbst in jedem Kundenmeeting benutze. Aus Kundensicht notiere ich ganz ruhig und klassisch handschriftlich. Bloß sieht mein Stift etwas komisch aus und mein Notizblock ist aus Spezialpapier. Der Livescribe erfasst alle Schreibbewegungen gleichzeitig digital. Wenn ich ihn nach dem Meeting per USB-Anschluss mit einem Computer verbinde, kann ich alle meine handschriftlichen Notizen auf dem Bildschirm sehen, mit einer Handschrift-Erkennung bearbeiten und speichern. Ich kann sie dann auch in das elektronische Kundenbeziehungsmanagement – das CRM-System – oder in mein digitales Notizbuch Evernote übertragen.

> **TIPP:**
> MyScript des Anbieters Vision Objects ist die meistgekaufte Online-Technologie zur Handschrift-Erkennung und lässt sich in zahlreiche Software-Umgebungen integrieren.
> Infos unter 5
>
>

Meetings per Voice- und Videokonferenz

„Schafft die Meetings ab! Restlos und endgültig!" – Mit solchen radikalen Parolen machen einige meiner Beraterkollegen auf sich aufmerksam. Doch der Mensch ist ein soziales Wesen – das lehren uns die Philosophen seit alters her. Realistischer als Meetings verdammen zu wollen, ist es, sich auf das Wesentliche zu beschränken und technische Alternativen sinnvoll zu nutzen. In jedem Unternehmen sollte vor der Terminsuche die Frage stehen: Brauchen wir überhaupt ein Meeting? Genauso kritisch sollte dann bei jedem einzelnen Teilnehmer gefragt werden, ob seine Anwesenheit notwendig oder verzichtbar ist.

Ich empfehle persönliche Treffen vor allem für den Beziehungsaufbau. Je besser Sie Ihre internen und externen Mitarbeiter, Kunden oder Partner kennen, desto mehr können Sie auf Medien ausweichen. Auch kann es klug sein, wichtige Vereinbarungen lieber persönlich zu treffen. Für die weitere Abstimmung und Umsetzung des Vereinbarten sind Meetings dann oft überflüssig. Hier können Sie auf Telefon- und Videokonferenzen ausweichen. Telefonkonferenzen sind immer eher sachbezogen und etwas „kühl". Videokonferenzen bieten da schon eher das Feeling des „echten" Meetings.

Auf die Fakten konzentriert: Voiceconferencing

Die klassische Telefonkonferenz findet immer mehr über das Internet statt. Internettelefonie (Voice over IP – VoIP) ist dank der heute zur Verfügung stehenden Übertragungs-Bandbreiten hinreichend zuverlässig, und die Qualität der Sprachübertragung ist allgemein gut. Für eine simple Dreierkonferenz im Inland können Sie nach wie vor Ihre ISDN-Anlage mit Festnetz-Flatrate nutzen. Übertragungsqualität und Sicherheit sind dabei noch etwas besser. Bei mehreren Teilnehmern, die teilweise vielleicht im Ausland sitzen, sind VoIP-Lösungen, wie das extrem beliebte Skype, jedoch unschlagbar.

TIPP:
Plattformen für Voice- und Videoconferencing sind neben den kostenlosen Angeboten Skype oder Sipgate die professionellen Lösungen Adobe Connect, Mindjet Connect, Spreed oder – als ganz „große" Lösung – Cisco Unified MeetingPlace.

Skype gehört inzwischen zu Microsoft. Die Nutzung der Basisfunktion – Voice- oder Videoconferencing mit anderen Skype-Nutzern über das Internetprotokoll IP – ist immer kostenlos. Bis zu 25 Gesprächsteilnehmer lassen sich über Skype zu einer Konferenz zusammenschalten. Kostenpflichtig wird Skype erst, wenn Verbindungen zu herkömmlichen Telefonnummern hergestellt werden sollen. Skype nennt diese Option „SkypeOut". In größeren Unternehmen mit internen Netzwerken wird Skype aufgrund von Sicherheitsbedenken allerdings oft nicht zugelassen.

Hier sind kostenpflichtige Angebote wie Adobe Connect die Lösung. Sie ermöglichen den Aufbau einer kompletten internetbasierten Kommunikationsarchitektur im Unternehmen. Lösungen wie Adobe Connect bieten Ihnen immer die Möglichkeit der Sprachkonferenz als Basisfunktion. Diese Funktion können Sie jedoch um die Möglichkeit des Dokumentenaustauschs und der Online-Präsentation erweitern und bei Bedarf auch zur Videokonferenz übergehen. Eine in vielen Fällen interessante Variante ist die Sprachkonferenz. Dabei können PowerPoint-Präsentationen betrachtet oder sogar in Echtzeit Zeichnungen erstellt und für alle sichtbar gemacht werden. Damit haben Sie alles, was ein Meeting inhaltlich braucht. Sie verzichten lediglich auf den persönlichen Kontakt.

Live und in Farbe: Videoconferencing

Soll ein virtuelles Meeting etwas persönlicher und emotionaler sein, bietet sich Videoconferencing an. Manager, die für die anderen auch mit Gestik und Mimik erkennbar sind, können besser führen oder motivieren, als wenn nur ihre Stimme zu hören ist. Wenn Sie Video-Grußbotschaften bei Großveranstaltungen kennen, dann wissen Sie, dass diese eine stärker suggestive Wirkung entfalten als Grußworte, die lediglich verlesen werden. Ich empfehle Führungskräften, von Videokonferenzen stärker Gebrauch zu machen, als es heute in den meisten Unternehmen üblich ist.

Allerdings muss sich jeder klar sein, dass er tatsächlich „live und in Farbe" gegenüber Mitarbeitern, Kunden oder Partnern zu sehen ist. Ich erlebe immer wieder, wie einige das anscheinend vergessen. Schlecht ausgeleuchtet sitzen sie im offenen Hemd vor der Webcam, im Hintergrund ist ihr unaufgeräumtes Büro zu sehen und durch das offene Fenster dringen Geräusche, die es schwer machen, jedes Wort zu verstehen. Ich rate: Ziehen Sie sich bei Auftritten vor der Webcam an, als ob Sie zum Kunden gehen – besser overdressed als underdressed. Achten Sie auf einen neutralen, am besten einfarbigen Hintergrund – eine Bücherwand ist auch okay –, ein gutes Mikrofon, angenehme Ausleuchtung und Ruhe in Ihrer Umgebung. Vergessen Sie auch nicht, Mikrofon und Kamera bewusst ein- und auszuschalten. Sie gehen nun einmal „auf Sendung" – ganz wie im Fernsehen. Und wie stets im Umgang mit komplexer Technik gilt auch hier vorher: testen, testen, testen.

Eine spannende Frage ist, inwieweit digitale Konferenz-Tools herkömmliches Projektmanagement mithilfe lokaler Software und regelmäßiger persönlicher Meetings ersetzen kann. Meine Meinung dazu ist, dass es in Projekten in erster Linie auf gute Führung ankommt. Konsequentes Projektmanagement kann durch Technik niemals ersetzt werden. Einige argumentieren sogar, dass eine lokale Software, die der Projektmanager steuert, diesen auch besser führen lässt. Allerdings: Online-Lösungen wie Projectplace erweitern die Möglichkeiten und bieten mehr Flexibilität im Projektmanagement. Letztlich macht es auch hier die richtige Mischung: Wenn (noch) wenig Vertrauen herrscht oder wichtige Entscheidungen getroffen werden, sollte die Zusammenarbeit eng und persönlich sein. Im täglichen Projektgeschäft sparen Konferenz-Tools dagegen viel Zeit und Geld.

> **TIPP:**
> Die Beratungsfirma pmcc consulting hat sich als Komplettanbieter für Projektmanagement-Lösungen und Dienstleistungen einen Namen gemacht. Infos unter 6
>
>

Fazit: Persönliche Meetings wird es immer geben. Wer sie jedoch straff organisiert, mit digitalen Tools unterstützt und so weit wie möglich durch Voice- und Videokonferenzen ersetzt, kann die „Meeting-Unkultur" leicht beenden.

3 Smarter kommunizieren

Das Wichtigste im Überblick

→ Neue Technologien sind eine Chance für die interne Kommunikation.
→ Die Nutzung sozialer Netzwerke braucht einen geordneten Rahmen.
→ Manager können über neue Kanäle besser Kundenkontakt halten.
→ Die neuen Medien machen alle Mitarbeiter zu Markenbotschaftern.
→ Jede Altersgruppe kommuniziert heute auf ihre eigene Art.

„Nur zehn Prozent aller Geschäftsstrategien werden effektiv umgesetzt", schrieben Robert Kaplan und David Norton, die Erfinder der „Balanced Scorecard", schon vor über einem Jahrzehnt. Ich bezweifle, dass sich daran bis heute etwas geändert hat. Das Topmanagement entwickelt in geheimen Meetings streng vertrauliche Strategien und wundert sich, dass diese nicht per Telepathie von den Mitarbeitern verstanden und umgesetzt werden. Gleichzeitig drängt sich – vor allem bei Konzernen, aber nicht nur dort – der Eindruck auf, dass Manager sich immer weiter von ihren Kunden entfernen.

Warum zum Beispiel hat im Jahr 2010 keine Führungskraft der Deutschen Bahn das „Chef-Ticket" gestoppt? Eine Frankfurter Werbeagentur war auf die Schnapsidee gekommen, ein Billigticket für 25 Euro in der

2. Klasse – nur wochenlang im Voraus erhältlich und null flexibel – der Zielgruppe „Chefs" anzubieten. Und das ausgerechnet exklusiv auf Facebook, wo Entscheider offenbar den ganzen Tag surfen ... Niemand in den oberen Etagen des Bahn-Tower scheint sich etwas dabei gedacht zu haben, die im Fernverkehr wichtige Kundengruppe Geschäftsreisende dermaßen für dumm zu verkaufen.

Jetzt sagen Sie als Führungskraft vielleicht: „Ich würde ja gerne mehr mit meinen Mitarbeitern und Kunden kommunizieren – aber dafür fehlt mir die Zeit." Die Lösung: Nicht mehr, sondern smarter kommunizieren! Die neue Medienwelt mit ihren „sozialen" Kommunikationstechnologien ist eine Riesenchance, sowohl intern mit Mitarbeitern, als auch extern mit Kunden schnell, direkt und persönlich in Kontakt zu bleiben. Voraussetzung: Sie kennen die Spielregeln und setzen die neuen Möglichkeiten zielgerichtet ein, statt sich zu verzetteln. Dazu möchte ich Ihnen in diesem Kapitel einige Anregungen geben.

Die neue Dimension interner Kommunikation

Machen Sie sich eines bitte gleich zu Anfang klar: Sollten Sie sich mit den neuen Möglichkeiten interner Kommunikation nicht beschäftigen, werden es Ihre Mitarbeiter trotzdem tun. Ja, dann vielleicht erst recht. Wenn Sie mit düsterer Miene aus einem Meeting mit geheimnisvollen Anzugsträgern kommen und nicht sofort erklären, was los ist, dann werden sich die Erklärungsversuche Ihrer Mitarbeiter per Facebook und mittels aller möglicher Chat-Dienste überschlagen. Aha, es herrscht Facebook-Verbot in Ihrer Firma! Na und? – Jeder Mitarbeiter hat sein privates Smartphone dabei. Wenn ohnehin jeder mit jedem in Echtzeit kommuniziert – und Sie das kaum unterbinden können –, dann bleibt Ihnen nur eine Alternative: Entweder Sie nehmen aktiv Einfluss – oder Sie geben der Gerüchteküche alle Macht.

Der Topmanager Jürgen Dormann verhielt sich da bereits 1999 vorbildlich. Als Vorstandsvorsitzender der Hoechst AG in Frankfurt gestaltete er die Fusion mit der französischen Rhône-Poulenc S. A. zu Aventis und

> **TIPP:**
> Lassen Sie sich von einem externen „Sparringspartner", der keine persönlichen Interessen an Ihrer Firma hat, coachen. So finden Sie die richtige Balance zwischen Offenheit und Diskretion über die neuen Medienkanäle.

war dort anschließend CEO. Während der heißen Phase dieses Mega-Mergers schrieb er wöchentlich eine E-Mail an die beunruhigten Hoechst-Mitarbeiter. Zeitnah, klar und authentisch berichtete er über den Stand der Verhandlungen. Heute wäre in einer ähnlichen Situation vielleicht eine wöchentliche Videobotschaft optimal. Entscheidend ist nicht das Medium, sondern die Klarheit der Kommunikation. Wenn Sie daran arbeiten, klar zu kommunizieren, kommen Sie auch mit den neuen Medien besser zurecht.

Klarheit auch in schwierigen Situationen

In dem Film „Up in the Air" spielt George Clooney einen Manager, dessen einzige Aufgabe es ist, im ganzen Land Entlassungsgespräche mit Mitarbeitern zu führen. Die vor Ort zuständigen Vorgesetzten sind zu feige dazu, was dem Spezialisten fürs „Feuern" ein nettes Gehalt sowie den heiß begehrten Vielfliegerstatus beschert. Die Story ist überzogen, aber leider auch keine Lichtjahre von der Realität entfernt. Einige Manager entdecken immer dann ihre Liebe zu E-Mail, SMS oder Social Media, wenn es darum geht, bei schlechten Nachrichten den persönlichen Kontakt zu vermeiden.

Dabei können Menschen im Allgemeinen auch mit schlechten Nachrichten gut umgehen, wenn sie den Grund verstehen. Ich rate Führungskräften, mit von schlechten Nachrichten Betroffenen persönlich zu sprechen und danach alle anderen klar und authentisch über geeignete Medien zu informieren. Ich selbst werde nie vergessen, wie ich als Geschäftsführer eines Getränkeherstellers das schwierigste Mitarbeitergespräch meines Lebens hatte. Mit meinen damals 31 Jahren musste ich einen 58-jährigen Serviceleiter entlassen. Der Mann war am Boden zerstört, bedankte sich aber trotzdem für die Offenheit des persönlichen Gesprächs. Noch am selben Tag kommunizierte ich alle unangenehmen Nachrichten an die gesamte Mannschaft. So blieb die Gerüchteküche kalt.

Gerade bei Fusionen herrscht enorme Unsicherheit. Mehrere Übernahmen habe ich selbst erlebt: Ich war 1990 bei Nixdorf, als der Computer-Pionier von Siemens übernommen wurde. Mein späterer Arbeitgeber CFS, ein Informationsdienstleister, wurde von Experian gekauft. Und als ich schließlich Manager bei Tchibo war, überahmen wir Eduscho. Aus allen diesen Erfahrungen weiß ich, dass der „Merger of Equals" ein Mythos ist. Wer die Kapelle bezahlt, der bestimmt auch die Musik. Eduscho zum Beispiel war bei der Logistik viel besser als der Marketing-Riese Tchibo. Trotzdem wurde das Tchibo-Chaos im Inneren auch Eduscho übergestülpt.

An Machtstrukturen werden Sie als einzelne Führungskraft in der Regel wenig ändern können. An Ihrer Kommunikation können Sie jedoch immer etwas ändern! Schreiben Sie während schwieriger Zeiten zum Beispiel im Intranet ein regelmäßiges Blog. In kurzen, aktuellen und persönlichen Anmerkungen können Sie die Dinge aus Ihrer Sicht darstellen und vorsichtig für Positionen des Managements werben. Sie werden damit die Gerüchteküche nicht schließen, aber ein Gegengewicht schaffen. Gerade jüngere Mitarbeiter bilden sich heute gerne eine eigene Meinung und sind für Argumente der Geschäftsleitung grundsätzlich offen, vorausgesetzt, diese werden klar und ohne „PR-Sprech" kommuniziert.

Vielfältige Möglichkeiten im Unternehmen

Als „der twitternde CEO" wurde Brian Dunn, ehemaliger Chef der amerikanischen Elektronikkette Best Buy, weltweit bekannt. Er gehörte zu den ersten Topmanagern, die ihren Führungsalltag via Social Media für Mitarbeiter und Öffentlichkeit transparent machten. Natürlich liegt es nicht jedem Manager, den ganzen Tag zu twittern – und das muss auch niemand. Der Trend dahinter ist jedoch eindeutig: Unternehmen und ihre Führungskräfte entdecken die neuen Kommunikationsmöglichkeiten und nutzen sie für ihre Zwecke. Wer von radikaler Transparenz nicht überzeugt ist, kann sich dabei auf das Intranet konzentrieren und dort mit Kollegen und Mitarbeitern kommunizieren.

Immer mehr Unternehmen ermöglichen Blogs von Führungskräften und Mitarbeitern im Intranet. Mit eigenen Blogbeiträgen, die Ihre Mitarbei-

> Einige Firmen machen ihre Unternehmensblogs öffentlich. Zu den Pionieren zählte der Tiefkühlhersteller Frosta. Diese Blogs richten sich als Teil der Marketingkommunikation an Kunden und sind von „echten" Mitarbeiterblogs im Intranet zu unterscheiden.

ter regelmäßig lesen, haben Sie die Chance, Einblicke in Ihre Strategie und Ihre Motive zu gewähren. Sofern Sie Persönliches einfließen lassen, lernen Ihre Mitarbeiter Sie auch besser kennen und fassen mehr Vertrauen. Wenn Sie Ihre übergeordneten Ziele regelmäßig „bloggen", dann müssen Sie diese nicht jedem Einzelnen erklären – und Ihre Mitarbeiter brauchen auch keine telepathischen Fähigkeiten, um sie zu erraten. Übrigens: Bei der „Intranet 2.0 Global Study 2010" gaben bereits 53 Prozent der befragten Organisationen an, Intranet-Blogs zu besitzen. Bei IBM zum Beispiel bloggen fünf Prozent der Mitarbeiter – allerdings nur 0,25 Prozent so regelmäßig wie echte „Blogger".

Wichtig bei Blogs: Ermöglichen Sie Kommentare und reagieren Sie auf diese. Social Media ist keine Einbahnstraße, sondern auf Dialoge hin angelegt. Über Kommentare zu Ihrem internen Blog bekommen Sie schnelles und oft wertvolles Feedback. Sie erhalten Anregungen, sehen aber auch, wo Sie vielleicht gedanklich noch nicht alle erreichen und Fragen offen bleiben. Solche Dialoge setzen natürlich eine Vertrauenskultur voraus, in der Mitarbeiter es wagen, jederzeit offen ihre Meinung zu äußern und Feedback zu geben. Durch die Art und Weise, wie Sie selbst schreiben und mit kritischen Anmerkungen und Fragen umgehen, können Sie zu dieser Vertrauenskultur beitragen.

Noch mehr Spaß kann ein Videoblog machen. Haben Sie keine Scheu, hier auch einmal leicht „verwackelte" Videos vom Handy hochzuladen. Authentizität und Schnelligkeit sind bei der internen Kommunikation wichtiger als Hochglanz. Überraschen Sie Ihre Mitarbeiter doch einmal während der Mittagspause mit ein paar Eindrücken von Ihrem Messebesuch in Mailand! Als Alternative zum Intranet bietet sich hier übrigens ein interner YouTube-Kanal an. Er ist nur für freigeschaltete Nutzer zugänglich und wird von Google nicht gefunden.

Anarchie verhindern

Schon bei mittelgroßen Teilnehmerzahlen, die intern über neue Medien kommunizieren, brauchen Sie zwingend einen Moderator. Er prüft Beiträge anhand klarer Compliance-Regeln und schaltet diese frei, wenn kein Regelbruch erkennbar ist. Andernfalls macht sich leicht Anarchie breit – jeder postet, was er will, und es könnte sogar zu Mobbing übers Intranet kommen. Hat Ihre Firma einen Betriebsrat, so beziehen Sie diesen am besten von Anfang an in Ihre Online-Aktivitäten ein. Sonst drohen unangenehme Überraschungen, bis hin zu Klagen.

Was am Bildschirm zunächst spielerisch daherkommt, leistet auf Dauer einen wichtigen Beitrag für den Zusammenhalt im Unternehmen und die Ausrichtung auf gemeinsame Ziele. Sie haben es selbst in der Hand, unterhaltsame Beiträge einzustellen, dabei jedoch immer auch deutlich zu machen, was Ihnen gerade wichtig ist. Wer auf den Geschmack gekommen ist, kann sich mit Anbietern wie Yammer oder Ning ein soziales Netzwerk exklusiv für die eigene Firma schaffen. Ihre Mitarbeiter haben dann ihr „eigenes Facebook", können sich Profilseiten einrichten, Fotos und Videos teilen, Blogs schreiben, miteinander chatten und so weiter. Auch das dient nicht allein dem Spieltrieb, sondern fördert den schnellen Austausch von Informationen, regt zum Teilen von Fachwissen an und lässt Wissensspeicher für Best Practices entstehen. Selbst E-Learning-Module für Schulung und Weiterbildung lassen sich problemlos integrieren.

> **TIPP:**
> Yammer ermöglicht es Firmen, eigene soziale Netzwerke einzurichten. Yammer gehört seit 2012 zu Microsoft. Infos unter 7
>
>

Klare Verhaltensregeln fürs Social Web

Das beste firmeneigene soziale Netzwerk wird kaum verhindern, dass Mitarbeiter weiterhin auf Facebook, Twitter und Google+ surfen, in Chatforen unterwegs sind, eigene Homepages basteln oder Blogs schreiben. Das Problem: Berufliches und Persönliches gehen immer mehr ineinander über. Beispiele: Geschäftskontakte sind gleichzeitig Facebook-Freunde, auf Geschäftsreisen übers Smartphone hochgeladene Schnappschüsse gleichen manchmal Urlaubsfotos. Vielleicht haben Sie selbst auch schon einmal vor der Einstellung eines neuen Mitarbeiters im Internet recherchiert, was sich über diese Person so alles findet. Sie wären nicht die einzige Führungskraft, die das regelmäßig tut.

Solche Recherchen sind legitim, doch sollten Sie sich immer bewusst sein, dass Ihre Mitarbeiter im Zweifel genauso neugierig sind, was Sie selbst in Ihrer Freizeit so unternehmen. Ich empfehle deshalb, das „Litfaßsäulen-Prinzip" zu beherzigen: Posten Sie nur das in sozialen Netzwerken, was Sie auch in aller Öffentlichkeit aushängen würden. Und zwar unabhängig davon, welche „Privatsphäre-Einstellungen" Sie im Netz gewählt haben – denn allzu leicht können Ihre „Freunde" am Ende doch etwas weiterleiten, was schließlich öffentlich wird.

> **TIPP:**
> Der Branchenverband BITKOM der digitalen Wirtschaft gibt Tipps für Unternehmen, die „Social Media Guidelines" erarbeiten wollen. Infos und PDF mit den Tipps unter 8
>
>

Wo die „Schamgrenze" bei einem Menschen verläuft, ist individuell sehr verschieden. Trotzdem gilt dieselbe Grundregel: Kommunizieren Sie über Social Media stets so, dass jeder Mensch alles von Ihnen lesen könnte. Falls das nicht gegeben ist, schreiben Sie lieber eine E-Mail oder eine SMS. Übrigens: Das vertraulichste Medium ist immer noch das Telefon. Gibt es mit Mitarbeitern heikle Punkte zu besprechen, dann rufen Sie lieber an.

Machen Sie Ihre Mitarbeiter mit den Verhaltensregeln in der neuen Kommunikation vertraut. Verdeutlichen Sie, dass Sie zwar niemand den Spaß verderben möchten, die arbeitsvertraglichen Nebenpflichten – beispielsweise Loyalität gegenüber dem Arbeitgeber – jedoch auch in sozialen Netzen gelten. Selbst wer nicht explizit über Firmeninterna schreibt, ist heute „Markenbotschafter" seines Unternehmens. Schon ein böser Kommentar auf Facebook nach dem Muster „Solche Leute arbeiten also bei Firma xyz" kann Ihrem Unternehmen schaden. In vielen Firmen gibt es heute einen eigenen Social-Media-Beauftragten. Durch Workshops und in persönlichen

Gesprächen können Sie als Führungskraft Ihre Mitarbeiter weiter sensibilisieren. Die beste Schulung ist das positive Vorbild, das Sie selbst abgeben.

Externe Kommunikation wird intensiver und wichtiger

Als damaliger Vertriebsleiter bei der Card Finanz Systeme AG (CFS) war ich 1994 für die Einführung der „Douglas Card" verantwortlich. Mich hat beeindruckt, wie Douglas mit unseren Mitarbeitern umgegangen ist. Es war der Parfümeriekette wichtig, dass die Firmenphilosophie verstanden wird und weitergetragen werden kann. Unter anderem bekam jede unserer Mitarbeiterinnen zur Begrüßung einen sehr exklusiven Duft geschenkt – kein Proberöhrchen, sondern einen Flakon im damaligen Wert von über 100 Mark. Douglas wusste: Wie man Mitarbeiter behandelt, so behandeln diese später auch Kunden. Deshalb ist die Schnittstelle zwischen interner und externer Kommunikation so wichtig.

In der heutigen Zeit ist „Staff comes first" noch viel wichtiger als vor 20 Jahren. Durch die neuen Kommunikationsmöglichkeiten haben immer mehr Mitarbeiter direkten Kundenkontakt. Als Führungskraft können Sie diese Kommunikation nie hundertprozentig steuern. Aber Sie können durch wertschätzenden Umgang und gute Kommunikation mit den Mitarbeitern die Grundlage dafür schaffen, dass eine positive Kommunikation zwischen Mitarbeitern und Kunden – wie überhaupt sämtlichen externen Stakeholdern – stattfindet.

„Staff comes first" – die Mitarbeiter zuerst – und nicht „Customer comes first": Dieser Grundsatz hat mich als Manager immer begleitet. Denn der Hauptgrund für schlechte Kundenkommunikation sind frustrierte Mitarbeiter.

Fließender Übergang zur Marketingkommunikation

Externe Kommunikation ist in ihrem Charakter nach wie vor stark von Größe und Branche eines Unternehmens abhängig. In einem Konzern kümmern sich Hunderte von CRM- und PR-Profis um die Kommunikation mit Kunden und Öffentlichkeit. Bei kleineren Unternehmen landen

> **TIPP:**
> Wenn Sie von Unternehmen lernen möchten, die auf Facebook richtig gut mit ihren Kunden kommunizieren, dann schauen Sie sich einmal dm Drogeriemarkt oder die Volksbank Bühl an. Infos unter 9 und 10
>
>

Presseanfragen auf dem Schreibtisch des Chefs. Ein Unternehmen wie Heidelberg Cement muss nicht auf Facebook und Twitter zu finden sein, sondern erreicht seine B2B-Kunden über andere Kanäle. Bei den Konzernen des Silicon Valley dagegen werden die Märkte inzwischen schon nervös, sobald es Gerüchte um wichtige Aktivitäten gibt, aber dazu noch keinen offiziellen „Tweet" des CEO. Trotz aller Unterschiede ist die Tendenz überall dieselbe: Unternehmenskommunikation wird offener und vielfältiger.

Deutsche Bahn: Aus dem „Chef-Ticket" gelernt

Nach der missglückten Aktion mit dem „Chef-Ticket" auf Facebook – das eigentlich eher ein Studenten-Ticket war – hat die Deutsche Bahn dazugelernt. Sie gilt heute als vorbildlich in der Kundenkommunikation über Social Media. 18 Fachleute für „digitale Gespräche" pflegen im Berliner Bahn-Tower gleich mehrere Profile bei Twitter und Facebook. Jeder Internetnutzer kann ihre Dialoge mitlesen, alles ist transparent. Das meiste beantworten die Mitarbeiter binnen weniger Minuten. Sie sind so geschult, dass sie auch Humor zeigen dürfen. Beschwerden werden zügig an Fachabteilungen weitergeleitet. Diese kümmern sich dann zum Beispiel um ausgefallene Rolltreppen. Ergebnis der Anstrengungen: Die große Mehrheit der Nutzer hat konkrete Fragen, Bitten oder Anregungen. Das „Bahn-Bashing" auf Facebook – bloßes Frustablassen gegen den Staatskonzern – ist stark zurückgegangen.
Quelle: Spiegel Online

Für Sie als Führungskraft sind soziale Netze eine Chance, ohne den bisher nötigen Aufwand mehr Kontakt mit Kunden und Öffentlichkeit zu halten. Sie verstehen Ihre Kunden besser, erhalten Feedback und können bei potenziellen Kunden immer wieder Impulse setzen, die dann irgendwann zum Vertragsabschluss führen. Doch Vorsicht: Eine wichtige Regel der neuen Medien lautet: erst zuhören, dann reden. Wenn Ihr

Kommunikationsstil den Charakter einer Dauerwerbesendung für Ihr Unternehmen oder Ihrer Person als Manager hat, werden Kunden und Öffentlichkeit schnell sagen: „Gefällt uns nicht."

Als Faustregel gilt, dass Sie 80 Prozent fremde Inhalte lesen, „liken" und kommentieren und nur etwa 20 Prozent selbst „posten". Daraus ergibt sich fast automatisch auch die angemessene Dosierung der Postings. „Bombardieren" Sie Kunden und Öffentlichkeit nicht mit Ihrer Meinung, sondern melden Sie sich so oft zu Wort, wie Sie auch gerne die Kommentare anderer lesen. Schreiben Sie authentisch, reagieren Sie bei Fragen und Anmerkungen von Kunden schnell und bleiben Sie bei Kritik gelassen. Es ist ein absolutes No-Go, unliebsame Kommentare auf Facebook & Co. einfach zu löschen. Kommentieren Sie Kritik sachlich und konstruktiv, dann sind die Sympathien schnell auf Ihrer Seite.

Nicht alles machen, aber Weniges richtig

Im Anschluss an meine Vorträge werde ich manchmal gefragt: Wer hat Zeit für das alles? Smart kommunizieren bedeutet, dass Sie über neue, digitale Medien nicht mehr Zeit aufwenden, als Sie früher für Meetings, persönliche Kundengespräche oder die Beantwortung von Kundenfragen per regulärer Post benötigt haben. Sie erhöhen allerdings Ihre Geschwindigkeit und Ihre Reichweite. Die Antwort auf eine Kundenfrage über Facebook oder Twitter lesen zum Beispiel viele andere Kunden mit – und sparen es sich danach, dieselbe Frage nochmals zu stellen.

Auf zweifache Weise können Sie Ihre Effizienz weiter erhöhen: Erstens, indem Sie nicht alles mitmachen, sondern auswählen. Und zweitens, indem Sie Möglichkeiten der Automatisierung nutzen. Ich habe zum Beispiel meine Mitgliedschaft bei Google+ gekündigt, nachdem ich gemerkt habe, dass ich mit allen dortigen Kontakten schon über Facebook und Xing verbunden bin. Wenn Sie ein Blog schreiben, dann können Sie eine Software wie If This Than That (IFTTT) nutzen, die Ihre Blogbeiträge automatisch auf Facebook bekannt macht. Übertreiben Sie es damit jedoch nicht, denn sonst fühlen sich Ihre Adressaten nicht mehr persönlich angesprochen.

Weitere Infos zur Software unter 11

Kommunikation als Generationenfrage

Während ich an diesem Buch arbeite, steht unsere Tochter kurz vor dem Abitur. Sie besitzt zwar eine E-Mail-Adresse, doch käme ich nie auf die Idee, ihr eine E-Mail zu schreiben. Wenn ich ihr kurz etwas mitteilen will – und sei es nur, dass wir um 20 Uhr zu Abend essen –, nutze ich ICQ. Denn ich weiß, dass dieser Instant-Messaging-Dienst bei ihr auf Computer und Smartphone ständig läuft und sie die Nachricht wahrscheinlich innerhalb von fünf Minuten liest. Meinen Vater, einen ehemaligen Topmanager, rufe ich dagegen lieber an oder schreibe ihm eine E-Mail. Und was privat gilt, das gilt erst recht im Business: Wenn Sie die unterschiedlichen Kommunikationsgewohnheiten der Generationen kennen, können Sie intern wie extern noch zielgerichteter kommunizieren.

> **TIPP:**
> Die Auswahl an Messaging-Diensten für Smartphones als Alterative zur SMS ist groß: WhatsApp, Facebook Messenger, ICQ, Nimbuzz, Skype Messenger usw. Doch Vorsicht beim geschäftlichen Einsatz: Etliche Messenger gelten als Sicherheitsrisiko.

Generationenunterschiede gab es ja auch schon in der „alten" Technikwelt: Mit Golf GTI, Manta oder Capri versuchte man in meiner Jugend vor der Disco Eindruck zu schinden. Im BMW lenkte einer auf den Höhepunkt seiner Karriere zu – und im Ruhestand schaukelte der Mercedes angenehm in den Ostseeurlaub. Im Internetzeitalter ist alles noch viel komplexer. Unzählige Programme sind in der Lage, eine Zeile Text von A nach B zu übertragen. Aber es kann eine Frage von Lifestyle und Lebensgefühl sein, auf welcher Plattform ich diese Zeile Text losschicke: businesslike auf Xing, persönlich auf Facebook, jugendlich per Chat-App oder eher neutral per E-Mail.

E-Mails für (fast) alle

Zunächst einmal gilt: Die E-Mail ist noch lange nicht tot. Während manche Unter-30-Jährige Ihren E-Mail-Posteingang kaum noch checken, hat sich die E-Mail bei der Generation 55+ als Möglichkeit gerade erst richtig etabliert. Newsletter per E-Mail werden von den Jüngeren immer öfter ignoriert, von den Älteren aber gerne gelesen und manchmal sogar jahrelang archiviert. Ich merke das daran, wie häufig ich auf Themen aus alten Newslettern angesprochen werde. Einmal bin ich damit gescheitert, ein Seminar auf einer Nordseeinsel per E-Mail zu verkaufen – doch ein Jahr später wurde ich ständig gefragt, wann das Seminar denn das nächste Mal stattfände. Für die mittlere Generation ist die E-Mail eher neutral. Ob Newsletter gelesen werden oder nicht, hängt davon ab, wie interessant sie sind.

Newsletter wirken übrigens am besten, wenn Sie wie persönlich verfasst aussehen. Die Versand-Software sollte also unbedingt eine persönliche Anrede einfügen. Am besten mit Unterscheidung von „Du" und „Sie". Von HTML-Newslettern mit bunten Bildern halte ich nicht so viel – zumal die Standardeinstellung bei Outlook heute ist, dass Bilder erst auf Anforderung des Nutzers geladen werden. Zunächst einmal liegt eine verstümmelte Nachricht mit lauter Platzhaltern im Posteingang. Das macht wirklich keinen guten ersten Eindruck in der Kommunikation mit Mitarbeitern und Kunden.

Nach wie vor gilt: Newsletter müssen vom Empfänger ausdrücklich bestellt werden. Wenn jemand Ihnen seine Visitenkarte überreicht oder bei Ihrem Unternehmen etwas gekauft hat, so genügt das nicht, um diese Person „auf den Verteiler" zu setzen. Wer ungefragt E-Mail-Newsletter verschickt, erhält im schlimmsten Fall sogar teure Abmahnungen.

Die feinen Unterschiede

Im Jahr 1991 erschien das Kultbuch „Generation X" von Douglas Coupland. Seitdem bezeichnet man die zwischen 1960 und 1979 Geborenen als „Generation X". In letzter Zeit spricht man außerdem von den ab 1980 Geborenen als „Generation Y". Diese Generation ist mit Computer und Internet aufgewachsen und kennt ein Leben „offline" nur noch vom Hörensagen. Den anderen Pol bilden die vor 1960 Geborenen. Insbesondere die „Zoomer" oder „Best Ager" sind grundsätzlich aufgeschlossen gegenüber der digitalen Welt, leben aber nach dem Motto: „Ich muss nicht mehr alles mitmachen." Jede dieser drei Generationen kann auf ihre Weise „smart" kommunizieren. Niemand braucht seine alterstypischen Verhaltensweisen grundsätzlich zu ändern.

Wer die „Generation Y" erreichen will, sollte wissen, dass hier digitale Kommunikation jederzeit völlig selbstverständlich verwendet wird – auch und gerade über mobile Endgeräte. Die Uhrzeit spielt kaum noch eine Rolle. Die Adressaten entscheiden, ob und wann sie eine Nachricht lesen – „auf Empfang" sind sie immer. Die ganz junge Generation mag auch ein Gefühl von Nähe über digitale Medien. Man kommuniziert, als ob man miteinander schon vertraut wäre – auch wenn man sich kaum oder gar nicht kennt.

Über eine Million Zuschauer erreichte der damals 17-jährige Philipp Riederle 2011 mit seinem Video-Podcast „Mein iPhone und Ich" – Platz 1 der iTunes-Podcast-Charts! Wer die „Generation Y" besser verstehen will, kann Philipps Beiträge auf Facebook, Twitter oder YouTube abonnieren – und ihn sogar als Redner in die Firma holen.

Macht Facebook einsam?

Zu den hartnäckigen Missverständnissen zwischen den Generationen zählt, dass Ältere glauben, die Jugend würde zu viel Zeit im Internet verbringen und deshalb keine richtigen Freunde mehr haben. Tatsächlich nutzen Jugendliche heute Facebook als Kommunikationszentrale. Hier ist ihre Welt, hier verabreden sie sich wie früher per Telefon. Dafür sehen Jugendliche – im Gegensatz zu Rentnern – nicht mehr den ganzen Abend fern. Studien haben gezeigt, dass Social Media sogar die sozialen Aktivitäten „offline" steigern: Jugendliche, die auf Facebook sind, haben demnach mehr persönliche Kontakte und unternehmen öfter etwas in der Gruppe.

Die mittlere Generation ist schwerer berechenbar. Da gibt es die Fans der neuen Kommunikation, die sich an der jungen Generation orientieren und alles Neue ausprobieren. Da gibt es aber auch den ökologisch angehauchten End-40er, der Facebook für Teufelswerk hält und dessen Lieblingssätze zum Thema Social Media mit „Ich weigere mich" beginnen. Insgesamt dominieren in der mittleren Generation die Macher und Pragmatiker. Sie gewöhnen sich an Neues, wenn ihnen der Nutzen klar ist. Ihre Privatsphäre wissen sie dabei gerne geschützt. Mit Produkten von

Anbietern, die als dubios oder sozial und ökologisch verantwortungslos gelten, wollen viele in der „Generation X" nichts zu tun haben.

Die vor 1960 Geborenen schauen wieder mehr auf sich selbst als auf die Geschäftsmodelle der Online-Anbieter. Sie wollen in der Welt der neuen Kommunikation gut dastehen und sich nicht blamieren. Jüngere sollten Personen dieser Altersgruppe niemals kritisieren, wenn in einer E-Mail die Betreffzeile fehlt oder andere kleine Ungeschicklichkeiten vorkommen. Für einige Ältere ist es anstrengend genug, überhaupt mitzuhalten. Älteren helfen Berechenbarkeit und klare Strukturen. Und: Alles Wichtige haben die Älteren am liebsten immer noch auf Papier.

Beschäftigen Sie sich ein wenig mit den feinen Unterschieden zwischen den Generationen und Sie können als Führungskraft zum Virtuosen der neuen Kommunikation werden. So, wie Sie immer schon gegenüber einem Azubi einen anderen Ton gewählt haben als gegenüber einem ergrauten Vorstand, wissen Sie dann auch, welcher Kommunikationskanal sich für wen in welcher Situation am besten eignet. Die Folge: Kommunikation, die ankommt – weniger Rückfragen, schnellere Ergebnisse.

Fazit: Neue Kommunikationswege, insbesondere soziale Netze und mobile Endgeräte, sind eine einmalige Chance für besseren und schnelleren Austausch mit Mitarbeitern und Kunden. Wichtig sind Klarheit und Konzentration – sowie Kenntnis der Spielregeln der neuen Medien.

4 Ziele planen und kontrollieren

Das Wichtigste im Überblick

→ Outlook und ähnliche Programme eignen sich kaum für die Zielplanung.
→ Wochen- und Monats-Ziele werden oft vernachlässigt.
→ Führungskräfte profitieren von einem persönlichen Masterplan.
→ Unternehmensziele müssen für alle Mitarbeiter „sichtbar" sein.
→ Smarte Technologie macht Kennzahlen einfach und übersichtlich.

Einige Leser werden sich bestimmt noch an Schedule+ erinnern. Microsofts erstes „netzwerkfähiges" Kalenderprogramm kam Ende 1992 als Teil von Windows für Workgroups 3.1 auf den Markt. Bereits fünf Jahre später ging Schedule+ in Outlook 97 auf. Outlook ist heute weltweit der beliebteste „Personal Information Manager" für Führungskräfte. Wozu dieser kleine Ausflug in die Technikgeschichte? Nun, seit der Einführung von Schedule+ haben Manager „Aufgaben". Das war damals eine brandneue Funktion: die Aufgabenliste. Mehr als 20 Jahre später ist Outlook der globale Standard in seinem Segment – und umfasst immer noch „Aufgaben". Dank Microsoft ist es vielen Führungskräften in Fleisch und Blut übergegangen, in „Aufgaben" zu denken.

Das Problem: Diejenigen, die sich 1992 das mit den „Aufgaben" ausgedacht haben, waren keine Führungskräfte, sondern Programmierer. Leute im Unternehmen also, die auch selbst Aufgaben abarbeiten. Führungskräfte sollten sich dagegen lieber mit Zielen beschäftigen. Sie sind proaktive Macher – und ihr Gehalt nicht wert, wenn sie in reaktive Muster verfallen. Hätten Manager Outlook programmiert, gäbe es darin vielleicht eine „Ziele-Liste". So ist Outlook für die Zielplanung ungeeignet. Und ein weiteres Beispiel dafür, dass niemals die Software den Arbeitsmodus vorgeben darf. Führungskräfte brauchen im Gegenteil Software, die zielorientiertes Arbeiten unterstützen.

Das Zielsetzungs-Vakuum

Ist Outlook nun an allem schuld? Natürlich nicht! „It takes two to tango", sagen die Amerikaner – es gehören immer zwei dazu. In diesem Fall Programmierer, die sich Aufgabenlisten ausdenken, sowie Manager, die sie dann auch verwenden. Die Fixierung auf Aufgaben findet sich ja nicht nur in der digitalen Welt. So arbeitet etwa die populäre Zeitmanagement-Methode „Getting Things Done" (GTD) von David Allen mit Terminen und Aufgaben – genau wie Outlook. Hinter alledem steckt meiner Meinung nach ein Denkfehler, ein irreführendes „Mindset", nämlich: „Ich muss Dinge wegschaffen, erledigt bekommen, den Schreibtisch wieder frei haben" – wer so denkt, der denkt bereits reaktiv. Und braucht sich nicht zu wundern, wenn seine Mitarbeiter das als Einladung begreifen, ständig für Nachschub an Aufgaben zu sorgen.

Mittelfristige Ziele als große Schwachstelle

Proaktives Handeln ist zielorientiertes Handeln. An der Qualität der Zielplanung und -kontrolle zeigt sich, wie ernst eine Führungskraft ihren eigentlichen Job nimmt. Arbeitet sie „am" Unternehmen – oder doch weitgehend „im" Unternehmen, wie jeder Sachbearbeiter auch? Letzteres passiert, wenn „Aufgaben", „Tasks" und „To-dos" den Alltag vollständig beherrschen. Nach meiner Beobachtung ist die Mehrheit der Führungskräfte sehr gut darin, langfristige Ziele zu setzen und im

OmniFocus ist ein Tool für Apple-Geräte, das die Methode „Getting Things Done" unterstützt, sich aber auch für die Zielplanung verwenden lässt. Infos unter 12

Blick zu behalten. Ich kenne kaum einen Manager, der nicht ein Mal pro Jahr an einem mindestens eintägigen Strategiemeeting teilnähme. Darin geht es um längerfristige Ziele – für das nächste Jahr, für die nächsten fünf Jahre und so weiter. Und diese Ziele werden in der Regel auch „smart" formuliert.

Richtig fit sind die meisten Führungskräfte auch bei ihren Tageszielen. Sie definieren klar, was sie am Ende des Tages erreicht haben wollen, und kontrollieren den Erfolg. Die große Lücke klafft dann oft zwischen Jahreszielen und Tageszielen. Für die Zwischenziele, die wichtigen Meilensteine, fehlt eine klare Methodik. Outlook unterstützt so etwas nicht. Einige definieren Aufgaben zu Zielen um, aber das ist nur eine Krücke. Brauchbare Ansätze für das Zielmanagement finden sich bei Produkten wie dem Task Timer, der ursprünglich von Time/system entwickelt wurde, und in meineZIELE.

Das Problem dieser Methoden und Tools: Sie sind oft zu kompliziert. Mit ihrer umfangreichen Termin- und Aufgabenverwaltung lenken sie schnell vom Wesentlichen ab. Noch mehr als Outlook verführen die gängigen Zeitmanager außerdem dazu, sich den Vorgaben der Software anzupassen – statt die Software die eigenen Gewohnheiten unterstützen zu lassen. Es bleibt Ihnen also auf absehbare Zeit kaum etwas anderes übrig, als selbst Alternativen zu finden. Verabschieden Sie sich am besten von dem Gedanken, dass Sie mit einer einzigen Methode oder Software Ihre Zielplanung im Griff haben könnten.

> **TIPP:**
> Der amerikanische „Ziele-Guru" Brian Tracy präsentiert auf seiner Website zahlreiche Tipps, Links und Angebote zum Thema „Persönliche Zielplanung".
> Infos unter 13
>
>

Eine Methode beziehungsweise ein Programm „Getting Things Forward" – statt „Gettings Things Done" – stieße in eine Marktlücke. Bis so etwas existiert, entwickeln Sie beim Zielmanagement am besten Ihre eigene Strategie. Zum Glück gibt es viele kleine Bausteine aus smarten Technologien, die Sie dabei unterstützen können.

So füllen Sie das Vakuum

Wie gehen Sie bei der Zielplanung am besten vor? Ich rate Führungskräften: Fangen Sie bei sich selbst an. Machen Sie Ihren persönlichen Masterplan, der Ihre beruflichen beziehungsweise geschäftlichen Ziele genauso umfasst wie alles andere. Wenn Sie ein klares Gesamtbild davon haben, wo Sie in Ihrem Leben hinwollen, dann können Sie auch klar führen und Mitarbeiter motivieren. Wenn sie unsicher sind, was Ihre „persönliche Mission" auf dieser Welt ist, dann lassen Sie sich leicht ablenken. Der verbreitete Aktionismus im Management ist auch eine Folge davon, dass Menschen, die persönlich kein klares Ziel haben, sich gerne im Klein-Klein verzetteln.

Wenn Sie vor Augen haben, was Ihre persönlichen Lebensziele sind und welche Rolle Ihr Unternehmen und Ihr Team bei deren Verwirklichung spielen, dann können Sie im zweiten Schritt dafür sorgen, dass andere Ihnen folgen. Dieser Punkt klingt vielleicht im ersten Moment trivial, ist aber ein wichtiger Schlüssel zum Erfolg. Genau wie Manager gerne „vergessen", ihre in streng geheimen Strategiemeetings definierten Geschäftsziele auch an die Mitarbeiter zu kommunizieren, reden Führungskräfte nach meiner Erfahrung mit ihren Mitarbeitern und Kollegen viel zu wenig darüber, was sie persönlich antreibt und wo sie in den nächsten Monaten und Jahren hinwollen.

Erst der dritte Schritt besteht darin, Ziele strukturiert und greifbar an Ihr gesamtes Team beziehungsweise alle Mitarbeiter im Unternehmen zu kommunizieren. Im Alltag ist das die größte Aufgabe. Hier müssen Sie immer wieder dranbleiben. Das Problem: Ziele sind unromantisch. Deshalb ist Fantasie gefragt, um Ziele gut zu kommunizieren. Mit smarten Methoden lernen Führungskräfte, tatsächlich Ziele zu kommunizieren – und nicht fertige Lösungen. Wer seine Führungsaufgabe mehr und mehr darauf konzentriert, Langfristziele auf Zwischenziele herunterzubrechen, diese zu kommunizieren und zu kontrollieren, der tappt nicht mehr in die „Aktionismus-Falle". Es ist dann Aufgabe der Mitarbeiter, Strategien für die Umsetzung der Ziele zu entwickeln.

> **TIPP:**
> Das „Luckpad" von Klaus Gunkel ist nicht nur ein Buch, sondern auch ein Kalendersystem, das persönliche Zielplanung ermöglicht und die Lebensbalance fördert: Infos unter 14
>
>

Ihre persönlichen Ziele

Eines meiner liebsten smarten Tools ist ein kleines Moleskine, das ich immer dabei habe. Ja, Sie haben richtig gelesen: Kein Tablet, keine App, sondern ein Notizbuch aus Papier. Die Mailänder Firma Moleskine macht diese besonders schönen Notizbücher nach historischen Vorbildern. Der Einband wirkt edel, das getönte Papier fühlt sich gut an und lässt einen Stift perfekt gleiten. In mein Moleskine schreibe ich jeden Tag meine persönlichen Ziele. Dazu gehören geschäftliche Ziele genauso wie beispielsweise der Vorsatz, meine Tochter bei ihrem Abitur optimal zu unterstützen. Manche Ziele verändern sich schnell oder fallen weg, andere bleiben über einen längeren Zeitraum konstant. Wenn ich in dem Notizbuch zurückblättere, kann ich das beobachten.

PPP – Persönliches Präferiertes Papier

Ein hochwertiges Notizbuch – beispielsweise von Moleskine, Leuchtturm 1917 oder Bindewerk – und ein edles Schreibgerät sind nicht nur elegante Accessoires, sondern eignen sich auch besonders gut für Ihre ganz persönlichen Notizen. Schließlich ist Handschrift immer Ausdruck unserer Persönlichkeit. Außerdem gehört Persönliches nicht in die EDV-Systeme der Firma.

Es gibt eine Reihe guter Autoren, die Anregungen für die persönliche Lebensplanung geben, beispielsweise Brian Tracy, Stephen Covey oder Klaus Gunkel. Besonders gut gefällt mir auch das Buch „Dem Leben Richtung geben" von Jörg Knoblauch, Johannes Hüger und Marcus Mockler. Es präsentiert ein ganzheitliches Drei-Stufen-Modell, das die Autoren PRO nennen. Die Abkürzung steht für „Potenzial entdecken", „Richtung geben" und „Offensiv umsetzen". Die vielen Tipps und Übungen für Zielsetzung und -erreichung sind zehn Jahre nach Erscheinen des Buchs immer noch aktuell.

Klaus Gunkel wiederum strukturiert in seinem Buch „Luckpad. Der Glücksnavigator" die persönlichen Ziele nach den vier Lebensbereichen Beruf(ung), Finanzen, Beziehung und Gesundheit. Ähnlich angelegt ist das LIFE-Modell, das Sie in Kapitel 1 kennengelernt haben. Nach dessen Bereichen „Leistung", „Ich", Family & Friends" und „Entwicklung" ordne ich, wie beschrieben, meine E-Mails. Wichtig ist weniger, welches Modell Sie verwenden, sondern dass Sie sich regelmäßig mit Ihren Lebenszielen beschäftigen.

Ihr persönlicher Masterplan

Immer wieder ist untersucht worden, was sehr erfolgreiche Menschen anders machen als der Durchschnitt. Eines der Ergebnisse lautet: Sie überlassen ihr Leben nicht dem Zufall. Statt sich treiben zu lassen, entwickeln Sie eine Art Masterplan. Es kann ein wenig dauern, bis die Zeit reif ist für einen solchen Plan. Auch ist er nicht für immer in Stein gemeißelt. Je größer und wichtiger die Ziele sind und je mehr sie mit persönlichen Werten zu tun haben, desto konstanter bleiben sie. Einzelne Bestandteile des Masterplans passen sich dagegen immer wieder an. Die beste Möglichkeit, über seinen Masterplan nachzudenken, ist ein „Dreamday". An diesem Tag beschäftigen Sie sich einmal pro Quartal – oder, falls Sie das nicht schaffen, wenigstens einmal im Jahr – mit nichts anderem als dem Gesamtziel.

Finden Sie selbst die geeignete Form für Ihren Masterplan! Neue Technologien bieten hier verschiedene Möglichkeiten. Ein reizvolles Tool ist die Software meineZIELE (mZ). Leider ist das Programm nur für Microsoft Windows erhältlich, und eine kostenlose Basisversion zum Ausprobieren fehlt auch. Es gibt jedoch vier Versionen mit unterschiedlichen Funktionsumfängen zur Auswahl. Die für Topmanager und Unternehmer gedachte Pro-Version kostet bereits ungefähr so viel wie das günstigste iPad. Da gilt es, sich zu überlegen, ob die Anschaffung überhaupt lohnt. Zumal der Kaufpreis das eine ist, und die Zeit, die Sie damit verbringen, die Funktionen des Programms zu erlernen, das andere.

> **TIPP:**
> Auf der Website von meineZIELE können Sie die Software erwerben. Infos unter 15
>
>

Keine Frage, meineZIELE ist sehr leistungsfähig, sofern Sie Programme mit vielen Funktionen mögen. Ihren persönlichen Masterplan zu erstellen, ist natürlich nur einer von vielen Teilaspekten des Zielemanagements, bei denen diese Software Sie unterstützen kann.

Generell bin ich kein Fan bunter Dashboards, die mit grafischen Effekten beeindrucken, nüchtern betrachtet aber nicht unbedingt viel aussagen. Smart Working heißt für mich: Keep it simple! Deshalb liebe ich Mindmaps. Eine Mindmap ist vom Ansatz her sehr schlicht. Sie ist eine Art Verzeichnisbaum für Gedanken, ohne Schnörkel. Gleichzeitig lassen sich mit einer Mindmap sehr komplexe Zusammenhänge aufzeichnen und überblicken. Das macht den besonderen Reiz aus. Außerdem hat die Mindmap den Vorteil, dass sie sich jederzeit schnell aktualisieren und umbauen lässt. Sie können einzelne „Zweige" ausblenden oder wieder löschen.

Die Mindmap eignet sich deshalb auch für den Masterplan der Lebensziele. Eine kostenlose Software für den Einstieg in die Welt der Mindmaps ist FreeMind. Das Programm ist sowohl für Microsoft Windows als auch für Mac OS erhältlich. Mindmaps werden in einem spezifischen Format gespeichert, können aber auch als PDF exportiert und somit an jedem beliebigen Rechner angesehen und ausgedruckt werden. Professioneller und umfangreicher, dafür allerdings auch kostenpflichtig, ist Mindjet. Den Marktführer gibt es nicht nur für Windows und Mac OS, sondern auch in einer mobilen Version sowie einer Web-Version in der Cloud, die von jedem Internet-Rechner aus über den Browser verwendet werden kann.

> **TIPP:**
> Downloaden Sie FreeMind, die kostenlose Mindmapping-Software für Einsteiger. Es gibt FreeMind für Windows und für Mac OS: Infos unter 16
>
>

Die Bestandteile Ihres Masterplans

Für welches Hilfsmittel Sie sich entscheiden, um Ihren Masterplan zu erstellen, ist nicht entscheidend. Es kann sogar eine schlichte Excel-Tabelle sein – ein Muster habe ich für Sie zum Download bereitgestellt. Wenn Sie ganz auf Technik verzichten möchten und Ihren Masterplan lieber auf einen Bogen Flipchart-Papier malen, wird auch das funktionieren. Wichtig ist, dass Sie sämtliche Lebensbereiche abdecken. Für jeden Lebensbereich erstellen Sie ein „Zielfoto". Das heißt, Sie beschreiben detailliert, wie es dort aussieht, wo Sie hinwollen.

Neben den Lebensbereichen, wie sie etwa die LIFE-Formel repräsentiert, können Sie sich auch an den Rollen orientieren, die Sie in unterschiedlichen Lebenssituationen spielen. Nach dem „7-Hüte"-System von Lothar J. Seiwert definieren Sie dazu Ihre sieben wichtigsten Rollen, zum Beispiel: Unternehmer, Ehepartner, Referent, Vereinsfunktionär und so weiter. Welche sieben „Hüte" Ihnen am wichtigsten sind, können Sie in einem Brainstorming herausfinden: Schreiben Sie zunächst sämtliche Rollen auf, die Ihnen einfallen, und kürzen Sie die Liste anschließend auf das Wesentliche.

Das Wesentliche im Blick behalten

Ihr persönlicher Masterplan hilft Ihnen, das Wesentliche im Blick zu behalten. Die folgenden Punkte betrachte ich selbst regelmäßig an meinem persönlichen „Dreamday":

- Werte: Was ist mir wichtig?
- Mission: Wofür lebe ich?
- Stärken: Was kann ich besonders gut?
- Balance: Was tut mir gut?
- Vorbilder: Wer beeindruckt mich womit?

Ihre Zielfotos brechen Sie herunter in mehrjährige Ziele (fünf oder sieben Jahre), Jahresziele, Quartalsziele, Monatsziele und Wochenziele. Dieses Herunterbrechen ist besonders wichtig, denn an dem Stufenbau scheitert das Zielmanagement oft. Lernen Sie es anhand Ihrer persönlichen Ziele, so wird es Ihnen auch für die Kommunikation von Zielen gegenüber Mitarbeitern in Fleisch und Blut übergehen. Wochenziele finde ich dabei besonders wichtig. Es gelingt selten, alle Lebensbereiche oder „Hüte" in die Zielsetzung für einen Tag einzubauen. Bei der Wochenplanung ist das in aller Regel kein Problem. So bekommen Sie alles unter, was Ihnen wichtig ist.

Führungskräfte, die mit einem persönlichen Masterplan zu arbeiten beginnen, geben mir oft schon nach wenigen Wochen das Feedback, den Alltag wesentlich besser im Griff zu haben und dem Aktionismus entkommen zu sein. Das liegt nicht zuletzt an den schrittweise heruntergebrochenen Zielen. Der beste Nebeneffekt: Der Umgang mit Mitarbeitern gestaltet sich wie von selbst zielorientierter.

Wenn alle jederzeit wissen, wo es hingehen soll

Als ich Führungskraft in Organisationen war, hatte ich die üblichen regelmäßigen Gespräche mit meinen Vorgesetzten. Zu den festen Bestandteilen solcher Gespräche zählt es, dass man als Untergebener nach seinen Zielen gefragt wird. Um Antworten war ich nie verlegen. Aber ich habe schon damals gerne den Spieß umgedreht und die Chefs anschließend gefragt: „Was sind denn Ihre Ziele?" Ich kann mich erinnern, dass ein damaliger Chef darüber zunächst sehr überrascht war. Einen Augenblick später redete er dann sehr lebhaft über seine Ziele. Es schien ihm Spaß zu machen.

Ich rate meinen Trainingsteilnehmern, regelmäßig mit ihren Mitarbeitern über ihre eigenen Ziele zu sprechen. Wer transparent macht, wohin sein eigenes Schiff segelt, der trägt zur Motivation der Besatzung bei. So findet im Idealfall ein regelmäßiger Austausch zwischen Führungskräften und Mitarbeitern über Ziele statt. Selbstverständlich liegt der Schwerpunkt der Führungsarbeit weiter bei der Kommunikation von Zielen, die Mitarbeiter erfüllen sollen. Diese Ziele sollten nicht locker ausgetauscht, sondern formell kommuniziert werden.

Neue Technologien helfen enorm, „unromantische" Ziele für Mitarbeiter anschaulich und erlebbar zu machen. Zu den bekannten schriftlichen Zielvereinbarungen sowie Aushängen an Wänden und Schränken kommen dann Grafiken im Intranet, Blog oder Videocasts, in denen es immer wieder um Ziele geht. Zielkommunikation wird so zum festen Bestandteil der internen Unternehmenskommunikation und nutzt Kanäle, von denen Mitarbeiter wirklich erreicht werden.

TIPP:
Nutzen Sie die Möglichkeit, gratis ein Muster für eine Excel-Tabelle herunterzuladen, mit der Sie Ihren Masterplan erstellen. Infos unter 17

Ziele sichtbar machen

Ziele zu visualisieren ist ein anerkanntes Tool im Selbst-Coaching. Diese Technik basiert auf der Erkenntnis, dass unser Unterbewusstsein nicht in Worten und Zahlen, sondern in Bildern „denkt". Wer absichtlich immer wieder ein bestimmtes Vorstellungsbild in sein Unterbewusstsein „einpflanzt", der richtet seine Gedanken auf dieses Ziel hin aus. Führungskräfte können daraus lernen, bei der Kommunikation von Zielen an Mitarbeiter auf Visualisierung zu setzen. Dazu braucht man am Anfang nicht unbedingt Technik. Ein ebenso einfaches wie geniales System sind zum Beispiel die von Jörg Knoblauch erfundenen Ziele-Kugeln.

Angenommen, es ist die Zielvorgabe, dass jeder Mitarbeiter pro Jahr eine bestimmte Anzahl von Aufträgen generiert. Für jedes begonnene Akquisitionsgespräch legt der Mitarbeiter eine farbige Kugel in eine transparente Schüssel auf seinem Schreibtisch. Sobald es zu einem Abschluss gekommen ist, wandert eine der Kugeln weiter in

Der ehemalige McKinsey-Berater Rolf Hichert hat mit seinem Modell SUCCESS einheitliche Gestaltungsregeln für erfolgreiche Geschäfts-Kommunikation entwickelt. Infos unter 18 eine gläserne Röhre, die senkrecht auf dem Boden steht. Dank der „Knoblauch-Kugeln" ist für alle jederzeit sichtbar, wie weit ein Mitarbeiter seine Ziele bereits erreicht hat. Besonders schön ist dabei, dass man auch die „Pipeline" noch nicht vollständig erreichter Ziele sehen kann.

So genial einfach sollten auch elektronische Mittel zur Visualisierung von Zielen sein! Leider ist das bis heute oft nicht der Fall. Ein wesentlicher Grund besteht darin, dass früher in der Regel Programmierer und Grafiker beauftragt wurden, Kennzahlen sichtbar zu machen. Die Key Performance Indicators wurden dann zu beeindruckenden Diagrammen oder gar „Management Cockpits" verarbeitet. Die Folge: ein „Information Overload", der keine kraftvolle Visualisierung mehr ist, sondern eher Verwirrung stiftet.

Keep it simple!

Smarte Technologien haben eine kleine Revolution in den Unternehmen in Gang gesetzt: Nicht mehr Grafiker und Programmierer, sondern die Controller selbst machen heute zielrelevante Indikatoren für jeden einzelnen Mitarbeiter sichtbar. Und zwar mithilfe von Apps, die sich einfach und preiswert selbst bauen lassen. Diese Apps versorgen sich mit Daten aus ERP-Systemen von SAP, Microsoft oder Oracle und bringen diese in übersichtlicher Form auf das Endgerät eines einzelnen Mitarbeiters. Auch hier lautet die Devise: Keep it simple! Die Daten sollten einfach erfassbar sein. Manchmal genügt eine einfache Kundenliste, absteigend sortiert nach Ist-Umsatz, um im Bilde zu sein.

TIPP:
Grafiken werden besonders leicht und fehlerfrei erfasst, wenn sie einheitlich sind: 1000-Euro-Schritte etwa sollten auf dem Bildschirm immer gleich groß aussehen.

Als ein Freud von mir Geschäftsführer eines Mittelständlers wurde, staunte er nicht schlecht: Ungefragt erhielt er aus dem Controlling ein 400-seitiges Monatsreporting! Selbst wenn er sich die Mühe gemacht hätte, das alles zu lesen, wäre der Erkenntnisgewinn im Hinblick auf die Zielerreichung gering gewesen. Inzwischen hat er dafür gesorgt, dass das Monatsreporting nur noch drei bis vier Seiten umfasst. Diese Zahlen zeigen dafür wirklich, inwieweit die Monatsziele erreicht wurden. Hilfreich ist in einem solchen Prozess, sich einmal die Frage zu stellen: Wenn ich nur eine, maximal zwei oder drei Zahlen hätte, um mein Unternehmen oder meinen Bereich zu steuern – welche würde ich nehmen?

Bei Hotels zum Beispiel ist die Auslastung der wichtigste Key Performance Indicator. Ein Hotel, das mehr als 60 Prozent ausgelastet ist, läuft gut und macht in aller Regel Gewinn. Deshalb sollten Führungskräfte in der Hotellerie die Höhe der Auslastung jederzeit schnell zur Hand haben. Bei Trainingsfirmen sind es dann wahrscheinlich die verkauften Trainingstage. Im Handel zählen Personalkosten, Inventur und Umsatz. Und so weiter. Solche Zahlen sollten ohne Schnickschnack präsentiert werden.

Ein hervorragendes Tool ist zum Beispiel Roambi für iPad und iPhone. Roambi bereitet Daten aus SAP-Systemen, Oracle-Datenbanken oder gängigen Anwenderprogrammen wie Salesforce oder Excel bestechend elegant und übersichtlich auf. Zwischengeschaltet ist ein Server, der die Daten aus den Business-Intelligence-Systemen für die App filtert. Es gibt jedoch auch eine kostenlose „Lite"-Version für Einzelpersonen, mit der sich Businessanalysen auf der Basis von Excel-Tabellen auf iPad oder iPhone zaubern lassen. Generell setzt sich das iPad im Reporting immer mehr durch. Bei der Metro Group zum Beispiel ist es längst Standard, dass Führungskräfte SAP-Daten optisch ansprechend auf ihren iPads sehen.

TIPP:
Roambi bietet eine smarte App für Businessanalysen. Leider gibt es Roambi nur für iPad und iPhone.
Infos unter 19

Der Lebensmittel-Großhändler Niggemann aus Bochum nutzt das iPad zusammen mit einer Datenbank der Apple-Tochter Filemaker. Die Datenbank und die zugehörige mobile Applikation Filemaker Go für das iPad sind so einfach einzurichten, dass hierzu keine externen Programmierer beauftragt werden mussten. So konnte das Controlling des Mittelständlers ein eigenes, passendes Ziel-Monitoring aufbauen. Nur die notwendigen Daten werden den Mitarbeitern angezeigt – und nichts sonst. Das heißt: Back to the basics! Neue Technologien machen die Dinge nicht komplizierter, sondern einfacher.

Wenn jeder Mitarbeiter seine Ziele kennt

Die Mittelstandsberatung tempus Consulting hatte vor einigen Jahren eine geniale Idee: das „Zielebuch". Einmal im Jahr erstellt ein Unternehmen für jeden einzelnen Mitarbeiter ein „Buch", das ihm sowohl die Jahresziele der gesamten Firma als auch seine persönlichen Ziele vermittelt. Jeder Mitarbeiter bekommt im „Zielebuch" fünf Jahresziele: vier quantitative – also messbare – Ziele und ein qualitatives Ziel. Das qualitative Ziel kann zum Beispiel „Mehr Engagement im Weiterbildungsbereich" oder „Höhere Zufriedenheit meiner Kunden" heißen. Für alle fünf Ziele werden das Maximumziel, das Planziel und das Minimumziel anhand eines aussagekräftigen Performance-Indikators definiert. Beim qualitativen Zielen kann man zumindest die „Anzahl der Aktionen" festhalten. Die fünf Ziele können schließlich auch mit einem prozentualen Anteil am Gesamtziel unterschiedlich gewichtet werden.

> **TIPP:**
> Ein „Handbuch Zielvereinbarung" als A4-Ordner erhalten Sie im Shop von tempus Consulting. Infos unter 20
>
>

Mit einem „Zielebuch" weiß jeder Mitarbeiter genau, wo er hin muss und wo er steht. Richtig „smart" wird es, wenn ein Unternehmen hier gedruckte und digitale Medien kombiniert. Meine Empfehlung: Print-Medien für die Zielvermittlung, digitale Medien für das Ziel-Monitoring. Print-Medien wirken „wertig und wichtig". Bekommt ein Mitarbeiter ein persönliches, gedrucktes Zielebuch überreicht, wird er sich mit höherer Wahrscheinlichkeit intensiv damit beschäftigen, als wenn seine Ziele lediglich irgendwo im Intranet abrufbar sind. Digital sollte der Mitarbeiter seine Fortschritte eintragen – und visualisiert bekommen: entweder im Intranet oder auf dem Tablet-PC. Denken Sie hier zum Beispiel an die App Roambi für iPad und iPhone, die aus einfachen Excel-Tabellen motivierende Grafiken generiert.

Ziele in der Diskussion

Sind Ziele überhaupt noch zeitgemäß? Daran zweifeln einige in den letzten Jahren. Der Ansatz „Beyond Budgeting" beispielsweise fordert radikale Dezentralisierung und die Abschaffung fixer Planvorgaben. Wie gut das in der Praxis funktioniert, ist umstritten. Vorzeige-Unternehmen wie Svenska Handelsbanken berichten von Erfolgen, doch insgesamt gibt es erst wenige Anwenderbeispiele. Ich sehe Modelle wie „Beyond Budgeting" eher als Denkanstoß: Wann sind Ziele zu starr? Wie können sie in Bewegung bleiben? Ziele sind relativ. Entscheidend ist: Wie entwickle ich mich im Vergleich zu anderen? Sowohl innerhalb der Firma als auch innerhalb der Branche und branchenübergreifend. Die schnelle Visualisierung wichtiger Kennzahlen, wie sie heute möglich ist, hilft dabei, Zielsetzung als rollierenden Prozess zu begreifen und immer wieder korrigierend einzugreifen.

Die Unternehmensberatung tempus Consulting konnte nachweisen, dass sämtliche Unternehmen, die mit Zielebüchern arbeiten, Umsatz und Ertrag steigern konnten. Die Grundidee ist einfach: wenige, aber dafür klare Ziele kommunizieren, den Fortschritt im Blick behalten und visualisieren – und schließlich: Erfolge feiern! Dazu bietet sich wiederum ein Unternehmensblog oder ein Videocast an. Beispielsweise können Mitarbeiter, die bei ihrer Zielerreichung besonders weit sind, „Sendezeit" im firmeninternen YouTube-Kanal bekommen. Mit ihrer Erfolgsstory motivieren sie dann auch ihre Kollegen. Immer wieder geht es darum, den Zielfortschritt anschaulich und auch emotional erlebbar zu machen.

Und wie steht es mit Boni für erreichte Ziele? Sie werden zunehmend kritisch gesehen. Prämiensysteme bringen nichts, heißt es, da sich die Mitarbeiter einfach an die zusätzlichen Zahlungen gewöhnen. Eine verblüffende Alternative, die nachweislich funktioniert, kommt aus den USA und wurde zur Motivation von Lehrern an einer Schule entwickelt. Der Clou: Den Bonus – in diesem Fall 5.000 US-Dollar – gibt es bereits am Anfang des Jahres vollständig ausgezahlt. Das Management geht davon aus, dass alle Mitarbeiter ihre Ziele zu 100 Prozent erreichen werden. Nur wer seine Ziele nicht oder nicht vollständig erreicht, muss das Geld am Jahresende ganz oder teilweise zurückzahlen. Das wollen die Mitarbeiter natürlich verhindern! Ein wenig „sanfter Druck" kann also – im Rahmen einer Vertrauenskultur – durchaus effektiv sein.

Fazit: Ziele zu planen und zu kontrollieren ist heute einfacher denn je. Smarte Tools, die sich leicht selbst anpassen lassen, machen Leistungsindikatoren anschaulich. Führungskräfte sollten mit ihren persönlichen Zielen beginnen, diese gegenüber Mitarbeitern transparent machen und anschließend dafür sorgen, dass die Unternehmensziele für alle Beteiligten schrittweise heruntergebrochen werden.

Termine im Blick behalten 5

Das Wichtigste im Überblick

→ Elektronik ist langsamer als Papier, dafür ermöglicht sie Abstimmung.
→ Automatische Synchronisation hält Termine auf allen Geräten aktuell.
→ Mehrere – elektronische – Kalender sind praktischer als ein einziger.
→ Kalender-Abos machen aus Ereignissen automatisch Termine.
→ Selftracking-Tools helfen, positive Gewohnheiten zu etablieren.

In der bereits zitierten Umfrage des Schweizer Online-Dienstes Doodle, für die im Jahr 2010 Tausende von Managern in Deutschland, Frankreich und den USA interviewt wurden, gaben 49 Prozent der Befragten an, mit einem Papierkalender zu arbeiten. Besteht also die Hälfte aller Führungskräfte aus Dinosauriern, die von Outlook, iCal oder Google Calendar nie etwas gehört haben? Nicht unbedingt. Das schlagende Argument für einen Papierkalender ist und bleibt seine Schnelligkeit. Während die Kollegen am Ende des Meetings noch in ihr iPhone tippen oder mit der WLAN-Verbindung kämpfen, hat der „Papierfreund" das nächste Treffen längst in seinem Taschenkalender stehen.

Die „Elektroniker" gehen stattdessen mit der Gewissheit aus dem Meeting, dass auch ihre Assistenz den neuen Termin sofort sehen kann. Das Sekretariat kann ab sofort am Telefon korrekt Auskunft geben und neue

Terminanfragen entsprechend koordinieren. Vielleicht hat auch noch der Ehepartner Zugriff und kann sich bei der Planung von Freizeitaktivitäten frühzeitig nach den beruflichen Pflichten richten. Kein Wunder, dass Führungskräfte mit überdurchschnittlich vielen Terminen sowie Angehörige von Managementteams laut der Umfrage von Doodle die elektronischen Kalender klar bevorzugen.

Leider wird bei der „Glaubensfrage", ob nun Papier oder Elektronik besser ist, das Wichtigste gerne übersehen: die Synchronisation. Ich begegne immer wieder Führungskräften, die Termine in den unterschiedlichsten Medien sammeln. Mal wird schnell auf Papier notiert, später dann ins Handy getippt, während zwischendurch digitale Besprechungsanfragen automatisch Termine im Outlook-Kalender erzeugen. Wenn dann auch noch die Assistenz ihrer eigenen Kalenderphilosophie folgt, ist das Chaos perfekt. Selbst wer sich vornimmt, die Terminsammlung des Tages jeden Abend zu vereinheitlichen, also beispielsweise am Rechner in Outlook oder Google Calendar zu übertragen, verliert viel Zeit und macht schnell Fehler.

Jederzeit alles auf einen Blick

Wenn Sie sich für einen Papierkalender entscheiden – beziehungsweise dabei bleiben möchten –, dann ist die Konsequenz klar: Sie müssen Ihren Kalender immer dabei haben, ähnlich wie Führerschein, Hausschlüssel oder Geldbörse. Obwohl ich meine Karriere bei Nixdorf Computer begonnen habe, fand auch ich viele Jahre lang einen Papierkalender praktischer. Ich habe mit einem Zeitplanbuch gearbeitet, bei dem man den Kalender herausnehmen konnte. Diesen Kalender habe ich immer in der Jackettasche gehabt. Ich habe nirgendwo sonst Termine notiert. So war ich bereits in der Papierwelt immer „synchron".

Heute überzeugen mich elektronische Kalender voll und ganz. Das hat vor allem zwei Gründe. Erstens kann ich vieles automatisieren, was früher manuell gepflegt wurde. Geburtstage, Ferientermine, Sportereignisse, ja sogar Flugzeiten und Übernachtungen bei online gebuchten Reisen stehen automatisch im Kalender. Wie das funktioniert, dazu später mehr. Zweitens kann ich anderen Personen Lesezugriff auf meinen Kalender gewähren. Das vereinfacht die Alltagsplanung enorm. Meine Frau Nicole zum Beispiel nutzt zwar persönlich lieber einen Papierkalender, sieht aber auf ihrem iPad meine Termine. Genau wie meine Redneragentur, die somit bei Anfragen sofort Auskunft geben kann.

Ein einheitliches Prinzip für alle Geräte

Ein elektronischer Kalender, der einen Papierkalender lediglich digital nachbildet, bringt nichts. Wenn schon elektronisch, dann auch richtig – nämlich automatisch synchronisiert. Ob Sie Microsoft Outlook, Apple iCal oder Google Calendar nutzen, ist nicht entscheidend. Wichtig ist, dass alle Ihre Kalender und alle Ihre Endgeräte automatisch synchronisiert werden. Nutzen Sie zum Beispiel Outlook über Exchange Server am Schreibtisch, dann können Sie von jedem internetfähigen Endgerät aus – beispielsweise auch von Ihrem iPhone – auf den Kalender zugreifen. Viele meiner Seminarteilnehmer wissen gar nicht, dass die heute gängigen elektronischen Kalender prinzipiell auf allen Geräten nutzbar sind. Manchmal ist dazu eine zusätzliche Software erforderlich, manchmal nicht.

iCal von Apple zum Beispiel können Sie – dank der iCloud – ganz einfach auf Ihrem MacBook, iPad und iPhone parallel nutzen. Die Synchronisation erfolgt automatisch und sekundenschnell. Wenn Sie Google Calendar bevorzugen, dann können Sie ihn ebenfalls auf dem iPhone nutzen: entweder über den iCal, indem Sie in den Einstellungen Ihre „Kalenderadresse" hinterlegen. Oder über eine spezielle App, wie die gut gemachte App CalenGoo, die Sie für wenig Geld im App-Store von Apple erhalten. Nur geringfügig teurer ist das Programm gSyncit von Fieldston Software, das Ihren Google Calendar mit Outlook unter Windows synchronisiert. Besitzen Sie ein Smartphone oder Tablet mit dem Betriebssystem Android von Google – zum Beispiel eines der sehr leistungsfähigen Geräte von Samsung –, dann ist Google Calendar dort der Standard-Kalender.

> „Lightning" ist der Arbeitstitel eines Open-Source-Projekts, mit dem die Mozilla Foundation ihren erfolgreichen Browser Firefox um eine vollwertige Alternative zu Outlook ergänzen will:
> Infos unter 21
>
>

Microsoft Exchange oder Apple iCloud?

Die Frage der Fragen beim Thema Synchronisation lautet: Microsoft Exchange Server oder Apple iCloud verwenden? Meine Empfehlung hängt davon ab, welche mobilen Endgeräte Sie verwenden. Stammen diese ausschließlich von Apple (iPad und iPhone), dann ist iCloud wegen der vielen komfortablen Features die bessere Wahl. Wenn Sie am Schreibtisch Outlook unter Microsoft Windows nutzen, so ist auch das für Apple iCloud kein Problem. Windows-PCs werden voll unterstützt. Sobald Sie jedoch mobile Endgeräte von anderen Herstellern als Apple haben, beispielsweise ein Samsung Galaxy Tab mit dem Betriebssystem Android, kommt nur noch Exchange in Frage. Denn Exchange synchronisiert Kalender wirklich auf allen – stationären und mobilen – Geräten und unter sämtlichen gängigen Betriebssystemen.

Wenn Ihr Unternehmen keine Vorgaben macht und Sie frei entscheiden können, ist es weitgehend Geschmacksache, für welche elektronischen Kalender Sie sich entscheiden. Sie werden praktisch immer eine technische Lösung finden, um Ihre Kalender mit jedem von Ihnen genutzten Gerät zu synchronisieren. Und darauf kommt es ja wesentlich an: dass Sie Termine am Schreibtisch-PC, auf dem Smartphone, dem Tablet oder Ihrem privaten Notebook eintragen können – und diese überall synchron sind. Wenn dann noch Ihre Assistenz Zugriff hat und Sie klare Regeln der Terminverwaltung absprechen, hat das Terminchaos keine Chance.

Terminplanung im Team

Ihr volles Leistungspotenzial zeigen elektronische Kalender bei der Zusammenarbeit im Team. Ich habe die Terminplanung über Exchange Server im Kapitel „Effiziente Meetings" behandelt, weil die Planung von Meetings der mit Abstand häufigste Anwendungsfall ist. Die dort beschriebenen Grundlagen gelten natürlich auch für alle anderen Fälle, in denen Termine mit mehreren Personen abgestimmt werden müssen. Über Exchange Server können Sie dann automatisch nach freien Terminen suchen lassen. Nehmen sämtliche Teilnehmer einen Termin an, so wird er automatisch in den Kalender übernommen. Und natürlich sofort auf allen Geräten synchronisiert. Besser geht es nicht.

Denken Sie daran, dass Sie bei elektronischen Kalendern unterschiedliche Berechtigungen vergeben können. Sorgt Ihre Assistenz für Ihre Terminplanung, dann wird sie in der Regel vollen Zugriff auf Ihren Kalender haben, um selbstständig Termine eintragen, ändern oder löschen zu können. Ihre Kollegen oder auch externe Dienstleister – wie meine Redneragentur – haben dagegen wahrscheinlich nur Lesezugriff. Sie sollen sich selbstständig informieren können, ob Sie verfügbar sind, aber nicht eingreifen dürfen. Was ist aber, wenn Sie zum Beispiel private Termine für niemanden freigeben möchten? Dann profitieren Sie von einer der größten Stärken elektronischer Kalender: Sie haben nämlich der Möglichkeit, in derselben Anwendung mehrere Kalender parallel zu führen, diese ein- und auszublenden und jeweils andere Zugriffsrechte zu vergeben. Dazu mehr im nächsten Abschnitt.

Kalender smart nutzen und vieles automatisieren

Wenn ich wissen will, wann meine Tochter heute aus der Schule kommt, dann blende ich auf meinem iPad den Kalender „Stundenplan" ein. Die Termine haben eine andere Farbe als meine beruflichen Termine im Hauptkalender und lassen sich deshalb in der gleichzeitigen Ansicht schnell unterscheiden. Sobald ich die Info habe, blende ich den Kalender wieder aus. Jetzt könnte ich noch einen Blick auf meine Trainingstermine in dieser Woche werfen. Diese habe ich in einem weiteren Kalender in wiederum einer anderen Farbe angelegt. Es würde mich stören, alle diese Termine ständig in einer einzigen Ansicht zu sehen. Das Schöne an elektronischen Kalendern ist, dass Sie beliebig viele Kalender anlegen und dann ein- oder ausblenden können. Jeder Lebensbereich, jedes Interessengebiet und so weiter enthält einen Kalender in einer anderen Farbe.

Experimentieren Sie ruhig eine Zeit lang, um herauszufinden, wie viele verschiedene Kalender für Sie optimal sind. Einige übertreiben es und legen für alles Mögliche neue Kalender an. Wenn Sie sich dagegen zum Beispiel an den Lebensbereichen aus Ihrem Masterplan orientieren, haben Sie den Vorteil, dass Sie in der Gesamtsicht – alle Kalender sind eingeblendet – checken können, wie „ausgewogen" Ihre Woche ist. Sehen Sie zum Beispiel fast ausschließlich geschäftliche Termine – die von Managern dafür bevorzugte Farbe ist übrigens seit Jahren blau –, aber keine Termine mit Ihrer Familie oder für den Sport, dann wissen Sie, wo Sie bei Ihrer Wochenplanung noch nachbessern sollten.

Farben und Grenzen

Sorgen Sie dafür, dass Sie sämtliche Kalender auf sämtlichen Endgeräten in denselben Farben sehen. Nutzen Sie zum Beispiel am Schreibtisch Outlook und haben dort die Kundentermine blau eingefärbt, dann sollten diese auch auf Ihrem iPad oder iPhone in blau erscheinen. So haben Sie stets den schnellen Überblick. Bei der Wahl der Kalenderfarben orientieren Sie sich besser nicht an den Outlook-Kategorien, da diese einer anderen Logik folgen. Es versteht sich von selbst, dass sich die Farben Ihrer wichtigsten Kalender deutlich unterscheiden sollten. Gelb und Orange zum Beispiel sind leicht zu verwechseln. Nehmen Sie auch Farben, die Ihnen nicht gefallen, sofern diese von anderen deutlich unterscheidbar sind.

> **TIPP:**
> Bei Google Calendar gibt es eine Funktion, die automatisch Pausen zwischen zwei Terminen einfügt. Je nach Länge des Termins werden fünf bzw. zehn Minuten Puffer eingeplant. Hier sorgt Technik für weniger Stress!

Betrachten Sie sich als „24/7" verfügbar – für Ihre Kunden oder für Ihren Vorstand? Dann herzlich willkommen im Club der Burnout-Kandidaten! Smart Worker setzen in ihrer Terminplanung klare Grenzen und bilden diese auch in ihren elektronischen Kalendern ab. In den meisten elektronischen Kalendern können Sie Ihre „Kernarbeitszeit" anders einfärben. Der Terminraster ist dann beispielsweise montags bis freitags zwischen 8 und 18 Uhr heller. Bei Mannesmann hatte ich einmal einen Vorgesetzten, der jeden Arbeitstag pünktlich um 8 Uhr begann und um 16 Uhr beendete. Danach ging er Tennis spielen. Damals habe ich das belächelt – heute bewundere ich es. Der Mann war hoch effizient und hatte seine Termine im Griff!

Ein ironischer, aber treffender Spruch lautet: „Alles dauert so lange, wie man dafür Zeit hat." Wer keine Grenzen setzt, der hat scheinbar unbegrenzt Zeit – und braucht auch entsprechend lange. Digitale Kalender in unterschiedlichen Farben sowie klar gesetzte Termingrenzen können Ihnen helfen, die bei Ihrer Lebensplanung nötige Disziplin einzuhalten.

Automatisch up to date mit Kalender-Abos und Geburtstagsplanern

Wenn ich wissen will, wann und gegen wen die Qualifikationsspiele der deutschen Nationalmannschaft für die nächste Fußball-Weltmeisterschaft stattfinden, dann blende ich einfach den entsprechenden Kalender ein. Diesen Kalender habe ich nicht mühsam selbst erstellt, sondern abonniert. Genauso wie den Kalender mit den Ferienterminen in unserem Bundesland oder den gesetzlichen Feiertagen in Deutschland. Es ist ungeheuer praktisch, Termine, die viele Menschen gleichermaßen betreffen, einfach zu abonnieren. Sie erscheinen dann – bis zur Beendigung des Abonnements – automatisch im Kalender.

Sämtliche Abos folgen demselben Grundprinzip: Die abonnierten Kalender werden von einem Anbieter – in der Regel kostenlos – zur Verfügung gestellt und gepflegt. Microsoft zum Beispiel stellt für Outlook das Abo „Deutsche Feiertage" bereit, das Sie mit wenigen Mausklicks aktivieren können. Bei Apple iCal und Google Calendar gibt es vergleichbare Angebote. Stets wird ein neuer Kalender angelegt, der sich – genau wie Ihre selbst erstellten Kalender – ein- und ausblenden lässt. Aber Achtung: Abos werden über Exchange beziehungsweise iCloud nicht automatisch synchronisiert! Sie müssen das Abo als auf jedem Endgerät separat einrichten. Haben Sie das einmal erledigt, werden Sie zur Synchronisation keinen Unterschied mehr feststellen. Der jeweilige Anbieter pflegt die Quelldaten, auf die jedes Ihrer Endgeräte mit dem Abo zugreift.

Neben den gängigsten Abos – Kalenderwochen, Feiertage, Ferientermine – gibt es mittlerweile eine kaum noch überschaubare Fülle von Special-Interest-Abos. Sport-Termine habe ich bereits erwähnt. Sie können die Begegnungen „Ihres" Fußballvereins – Bundesliga, DFB-Pokal und Champions League getrennt – genauso abonnieren und im Kalender ein- und ausblenden wie etwa die Termine der Formel 1 oder die Daten der wichtigsten Golf-Turniere. Google pflegt beim Fußball sogar nachträglich sämtliche Ergebnisse ein! Sonnenaufgang und -untergang, Mondphasen oder Sternzeichen lassen sich ebenfalls abonnieren. Am besten stöbern Sie einmal in einer ruhigen Minute und schauen, was Sie interessiert.

Die größte Online-Plattform für Kalender-Abos ist www.icalshare.com. Es handelt sich um eine offene Tauschbörse, auf der Benutzer selbstständig Kalenderadressen einstellen. Sämtliche hier angebotenen Kalender funktionieren unter Windows, Mac OS und Linux. Unter www.ecoline-kalender.de/ics stellt der deutsche Anbieter OH-Service GmbH kostenlose Kalender-Abos für die Ferientermine sämtlicher deutscher Bundesländer sowie die gesetzlichen Feiertage aller wichtigen europäischen Länder zur Verfügung. Übrigens: Oft genügt eine einfache Google-Suche mit Ihrem Interessen-Stichwort und dem Zusatz „Kalender Abo" bzw. „Kalender abonnieren", um zu kostenlosen Angeboten zu gelangen.

> **TIPP:**
> Da die meisten elektronischen Kalender in den USA programmiert wurden, fehlt die in Deutschland übliche Angabe der Kalenderwoche. Mit einem Abo lässt sich die „KW" in Outlook, Google Calendar oder iCal einfach ergänzen. Infos unter 22
>
>

Ist Google vertrauenswürdig?

Google Calendar gehört zu den beliebtesten elektronischen Kalendern. Die Nutzung ist – genau wie bei der Suchmaschine – vollkommen kostenlos. Das erzeugt bei einigen Leuten Misstrauen. Ist Google Calendar sicher? Meine Antwort: Der Kalender von Google ist zumindest sicherer als viele denken. Das technische Rückgrat von Google Calendar bildet Microsoft Exchange

Server – also jene ausgereifte Technik, mit der Unternehmen auf der ganzen Welt arbeiten. Das Risiko des Datenverlustes ist gering. Außerdem werden die Daten verschlüsselt übertragen. Google nutzt Kalendereinträge auch nicht, um Informationen über die Nutzer zu sammeln – so wie etwa Facebook jede Nachricht automatisch nach Schlüsselwörtern scannt, um seine Werbeeinblendungen zu optimieren. Weil Google Calendar außerdem Teil des Smartphone- und Tablet-Betriebssystems Android ist, kann sich Google technische Mängel kaum erlauben.

Bleiben zwei Fragen offen: Erstens, vertrauen Sie Google generell? Das müssen Sie selbst entscheiden. Nach meinem Eindruck wird Google professioneller gemanagt als beispielsweise Facebook. Zweitens, dürfen Ihre Daten in den USA liegen? Das ist in einigen Branchen – etwa bei Banken – aus Gründen der Compliance nicht zulässig. Denn Daten, die in den USA gespeichert sind, unterliegen automatisch den dortigen gesetzlichen Bestimmungen.

Geburtstage gibt es logischerweise nur von berühmten Persönlichkeiten im Abo. Alle anderen Geburtstage können Sie innerhalb derselben Applikation automatisch als Termine eintragen lassen. Wenn Sie im Outlook-Adressbuch einen Geburtstag eintragen – das Eingabefeld ist ein wenig versteckt –, dann macht das Programm automatisch eine Terminserie daraus und trägt diese in den Kalender ein. Nach diesem Grundprinzip sollten Sie sich generell richten: Sie legen Geburtstage nicht als Termine an, sondern verwalten diese als Verknüpfungen mit dem Adressbuch. Deshalb werde ich auch im Kapitel über Adressbücher auf das Thema „Geburtstage" nochmals eingehen.

TIPP:
Holen Sie sich Anregungen bei der intelligenten Geburtstags-Verwaltung BirthdaysPro.
Infos unter 23

Die automatisch erstellten Terminserien in Outlook oder iCal haben allerdings auch ihre Tücken: Erstens ist nicht jeder Kontakt – und damit jeder Geburtstag – gleich wichtig. Und zweitens bleiben andere „Quellen" für Geburtstagsdaten – vor allem die sozialen Netzwerke wie Xing, Facebook und LinkedIn – unberücksichtigt. Hier helfen Zusatz-

Kalender smart nutzen und vieles automatisieren

programme, wie BirthdaysPro für iPhone und iPad. Solche Apps, die für sämtliche Betriebssysteme erhältlich sind, integrieren Daten aus Social Media, besitzen eine Notizfunktion für Geschenkideen und aktivieren bis zu zwei unterschiedliche Erinnerungen im Kalender. Nicht zuletzt lassen sich die Listen so pflegen, dass nur diejenigen Geburtstagstermine im Kalender erscheinen, die auch Aktivitäten erfordern.

Terminstress vermeiden – und sich selbst genau beobachten

Mal ehrlich: Haben Sie jederzeit den Eindruck, Ihre Termine im Griff zu haben? Oder beschleicht Sie hin und wieder das Gefühl, dass – eher umgekehrt – Ihre Termine Sie im Griff haben? Falls Sie Letzteres kennen, so liegt das nicht an digitalen Kalendern, sondern höchstens am Umgang mit ihnen. Wo sich Termine spielerisch – und zum Teil automatisch – generieren lassen, ja, wo auch Kollegen und Mitarbeiter den eigenen Kalender jederzeit mit Terminen „füttern" dürfen, da besteht natürlich die Gefahr, dass es zu viele Termine werden. Genau wie die „Klassiker" der Meeting-Organisation nach wie vor gelten, sind auch die bewährten Grundsätze des Zeitmanagements so aktuell wie eh und je. Sie tragen jederzeit selbst die Verantwortung für Ihre Zeitplanung – egal, wie viel Sie digitalisieren und automatisieren.

Manchmal bin ich überrascht, wenn Seminarteilnehmer mir einen Blick in ihren digitalen Wochenkalender gewähren. Da ist zwischen lauter Terminen – in allen Farben des Regenbogens – praktisch keine Lücke mehr. Und zu allem Überfluss „kleben" viele Termine bündig aneinander. Ich erinnere gerne an das unerschütterliche Prinzip des Zeitmanagements, maximal 50 bis 60 Prozent der zur Verfügung stehenden Arbeitszeit im Voraus zu verplanen. Die restlichen 40 bis 50 Prozent sind kein Leerlauf, sondern für Unerwartetes reserviert. Und zwar jeweils zur Hälfte – also zwei Mal 20 bis 25 Prozent der Gesamtzeit – für unerwartete Aufgaben, die von außen kommen, beziehungsweise für Dinge, zu denen Sie sich spontan selbst entschließen. So vermeiden Sie Stress.

Nützliches im Umgang mit Terminen

Kennen Sie folgende Situation? Sie sitzen am Schreibtisch konzentriert an einer Aufgabe. Da klingelt das Telefon – auf dem Display erscheint die Nummer eines wichtigen Kunden. Jetzt erinnern Sie sich: Sie hatten ihm gesagt, sie seien heute „gut im Büro erreichbar". Und jetzt sucht sich der Kunde den ungünstigsten Moment aus, um anzurufen. Wenn Sie solche und ähnliche Situationen vermeiden wollen, dann gilt: Vereinbaren Sie jedes Telefonat genau wie ein Meeting – als festen Telefontermin, den Sie in Ihren Kalender eintragen. Am besten, indem Sie ein Kürzel wie „Tel" vor den Termineintrag setzen. Alles andere bedeutet Stress. Auch Zeitfenster zum Telefonieren – etwa: „Ich bin morgen zwischen 9 und 11 Uhr gut zu erreichen" – sind keine gute Lösung.

Klar möchten wir alle auch gerne ab und zu spontan sein. Doch das Kommunikations-Aufkommen ist im Business heute nun einmal so hoch, dass spontane Telefonate oder gar Treffen kaum noch möglich sind. Gehen Sie also lieber methodisch vor und bieten Sie per E-Mail konkrete Telefontermine an. Es schont einfach Ihre Nerven – und Sie werden beim Telefonieren „besser drauf" sein. Setzen Sie Ihren Kommunikationspartnern am besten auch eine Frist, wie lange Ihr Terminvorschlag gilt. Zum Beispiel: „Ich kann diesen Telefontermin bis Donnerstag für Sie reservieren." Angenehmer Nebeneffekt: Sie erhalten in der Regel schneller eine Antwort als ohne Frist.

> **TIPP:**
> Schreiben Sie wichtige Informationen zum Termin – vor allem auch den Ort – direkt in den Betreff des Kalendereintrags, denn sonst werden Sie von digitalen Kalendern gern „verschluckt" und sind nur noch in der Detailansicht sichtbar.

Wenn Sie häufig unterwegs sind, kann es sich lohnen, bereits einige Wochen im Voraus Ihren Kontakten am Reiseziel Termine anzubieten. Sie schreiben dann beispielsweise, dass Sie am 15. Mai in Wien sind und noch weitere Termine frei haben. Je aktiver und regelmäßiger Sie Ihren Kontakten Termine anbieten, desto weniger müssen Sie auf Terminanfragen reagieren. Auch das reduziert den Stress. Noch entspannter arbeiten Sie, wenn Sie bei der Terminplanung nicht nur an andere denken, sondern auch „Termine mit sich selbst" machen. Wissen Sie zum Beispiel, dass Sie diese Woche zwei Stunden für ein Redemanuskript oder die Vorbereitung einer Präsentation brauchen werden, dann setzen Sie das nicht nur auf eine To-do-Liste, sondern machen einen Termin mit sich selbst.

Besser leben mit Selftracking?

Neue digitale Technologien ermöglichen heute jedem mit wenigen Mausklicks Auswertungen, für die noch vor wenigen Jahrzehnten Statistiker lange gezählt und gerechnet hätten. In jedem Word-Dokument können Sie mit einem Klick die Zahl der Wörter und der Zeichen anzeigen lassen. In den USA wird auch die Bearbeitungszeit registriert – Microsoft Deutschland hat diese Funktion auf Wunsch der Gewerkschaften deaktiviert. Ihr iPhone kann Ihnen jederzeit anzeigen, wie viele Tage und Stunden Sie damit insgesamt telefoniert haben. Und dann gibt es noch jede Menge „Timer" und „Tracker", mit denen Sie bewusst Zeiten messen können, die Sie mit bestimmten Tätigkeiten verbracht haben. In den letzten Jahren ist daraus eine ganze Bewegung geworden: Selftracking heißt die Methode, möglichst viele Details des Lebens digital aufzuzeichnen und statistisch auszuwerten, um sein Leben bewusster zu gestalten. Wie viel Schlaf hatten Sie im letzten Monat? Wie viel Sport haben Sie gemacht? Wie hoch war der Fettgehalt Ihrer Ernährung? Für alles das gibt es Timer, Tracker und Scanner.

Selftracking: Einige interessante Tools

- **CaloryGuard:** Online-Dienst, der ein individuelles „Essens- und Sport-Tagebuch" generiert, das hilft, auf gesunde Ernährung umzustellen und Fortschritte beim Körpergewicht zu überwachen, um in Topform zu kommen. Infos: www.caloryguard.de
- **DueTime:** Smartphone-App für schnelle und einfache Zeiterfassung. Einzelne Anlässe, wie „Meeting", „Präsentation" oder „Dienstreise", lassen sich differenzieren. Infos: Im App-Store von Apple bzw. in Google Play (für Android)
- **Fitbit:** Kombination aus drahtlosen Aktivitäts-Messgeräten, einer mit dem WLAN verbundenen Personenwaage sowie Smartphone- und Tablet-

Apps mit dem Ziel, Ernährung, Bewegung und Schlaf zu optimieren. Infos: www.fitbit.com/de

- **Nike+ FuelBand:** Elektronisches Armband, das bei zahlreichen Sport- und Bewegungsarten (etwa Jogging, Walking, Tanz, Basketball, Wandern) Daten wie Zeit, Schritte oder Kalorienverbrauch misst und zur Auswertung an das iPhone sendet. Infos: Im App-Store von Apple und unter http://fuelbanddeutschland.de/
- **UP by Jawbone:** Ebenfalls ein elektronisches Armband, das neben Sport und Bewegung auch Daten über Schlaf, Ernährung und die Erledigung von Aufgaben erfasst und an das iPhone sendet. Infos: Im App-Store von Apple und unter https://jawbone.com/up
- **RescueTime:** Online-Dienst, der hilft, Zeit zu „retten", indem er Ineffizienzen bei der Zeiteinteilung erfasst und zum Beispiel auch vor sinnlos im Internet „verdaddelter" Zeit warnt. Infos: www.rescuetime.com

TIPP:
Nudger (vom englischen Verb „to nudge" = „anstoßen", „anstupsen") sind Programme, die an regelmäßige Termine erinnern oder Aktivitäten anstoßen. Sie können sich zum Beispiel am Schreibtisch daran erinnern lassen, eine Pause zu machen und sich zu bewegen.

Es gibt zwar extreme Selftracker, die einfach nur Computer-Verrückte sind, doch der Ansatz kann auch – in Maßen – sehr sinnvoll sein, um Lebensziele zu erreichen. Gute Vorsätze wie „Mehr Sport" oder „Weniger Alkohol" lassen sich besser erreichen, wenn man sich erstens nichts mehr vormacht und zweitens seine Fortschritte messen kann. So lassen sich positive Gewohnheiten etablieren. Und eine bessere Work-Life-Balance wird tatsächlich messbar. Sie müssen ja nicht alles, was Sie tun, für immer messen und auswerten.

Fazit: Papierkalender sind immer noch am schnellsten, um Termine zu notieren. Doch digitale Kalender bieten zahlreiche Möglichkeiten der Abstimmung und Automatisierung, die längerfristig viel Zeit sparen. Wichtig ist der richtige Umgang mit den Tools: maximal 60 Prozent der Zeit verplanen!

6 Aufgaben planen und delegieren

Das Wichtigste im Überblick

→ Wichtiger als Technik sind die Grundprinzipien für effektive Arbeit.
→ Nicht jede eingehende Aufgabe muss wirklich erledigt werden.
→ Effektive Manager haben ihr persönliches System für Aufgaben.
→ Smarte digitale Tools helfen, den Überblick zu behalten.
→ Durchdachte Papierablagen (etwa von Mappei) ordnen den Rest.

Neulich fragte mich jemand, was ich die nächste Woche zu tun hätte. Ebenso spontan wie ehrlich antwortete ich: „Das weiß ich nicht." Prompt erntete ich einen völlig erstaunten Blick. Dabei ist der Grund, warum ich selten weiß, was in der kommenden Woche zu tun ist, ganz einfach: Ich brauche mein Gehirn für Wichtigeres als dafür, Aufgabenlisten zu speichern. Nämlich zum Beispiel für die Weiterentwicklung meines Geschäftsmodells. Oder für Kundengespräche. Für diese wirklich wertschöpfenden Tätigkeiten hätte ich gar keine freien Leitungen mehr im Gehirn, wenn ich permanent daran denken würde, was alles bis wann zu erledigen ist.

Zugegeben, das war auch bei mir nicht immer so. Als angestellter Manager musste ich erst lernen, mit der täglichen Aufgabenflut zurechtzukommen. Wenn meine Seminarteilnehmer heute klagen, dass sie ihren Aufgaben hinterherlaufen, schnell den Überblick verlieren, zu viel selbst machen oder nicht mehr wissen, was aus wegdelegierten To-dos geworden ist, dann weiß ich, wovon die Rede ist. Und ich weiß auch: Technik allein löst die Probleme nicht. Es gibt intelligente digitale Tools zur Aufgabenverwaltung – doch sie sind erst der zweite Schritt bei der Problembewältigung.

Die erste Maßnahme gegen die Aufgabenflut besteht darin, die Grundprinzipien für effektive Arbeit zu beherzigen. Konkret bedeutet das zum Beispiel, sich ein System für hereinkommende Aufgaben zu schaffen. Diejenigen, denen dieses System in Fleisch und Blut übergegangen ist, werden von den digitalen Tools profitieren. Alle anderen laufen Gefahr, dass sich in ihrem Kopf erst recht alles dreht. Deshalb geht es auch in diesem Kapitel zunächst um Grundsätzliches zu dem Thema „Aufgabenplanung und -delegation". Danach werde ich Ihnen empfehlenswerte Programme und Apps vorstellen, mit denen sich diese Grundsätze smart umzusetzen lassen.

So werden Aufgaben beherrschbar

„Die Lehrer haben es gut, die müssen nur halbtags arbeiten und haben ständig Ferien" – „Und warum bist du dann kein Lehrer geworden?" – „Ach hör auf, das wäre mir viel zu stressig, bei den Schülern heutzutage ..." Dieser aus dem Leben gegriffene Dialog stand in einem Online-Forum zu lesen. Und mal ehrlich: Haben wir nicht alle während unserer Schulzeit geglaubt, unsere Lehrer hätten es gut, weil sie so wenig arbeiten müssen? In Wirklichkeit zählen Lehrer heute zu den Berufsgruppen mit dem höchsten Burnout-Risiko. Und auch unter den angeblich so faulen Beamten weiten sich Burnout und Boreout zum massiven Problem aus.

Die wissenschaftlich-psychologische Erklärung dazu ist folgende: Stress entsteht weniger durch zu viel Arbeit als durch das Gefühl der Fremdbestimmung. Immer detailliertere Lehrpläne lassen Lehrern kaum noch Entscheidungsfreiheit. Wenn

> Apropos Schule: Als Schüler haben wir alle 45 Minuten eine Pause gemacht. Und heute? Motivationspsychologen sagen: Wer nach jeder erledigten Aufgabe eine kleine Pause macht und sich nach größeren Aufgaben selbst belohnt, setzt „positive Verstärker" und leistet mehr.

dann noch hyperaktive oder rebellische Schüler ständige Aufmerksamkeit erfordern, ist die Fremdbestimmung perfekt. Dieses Beispiel macht deutlich: Es kommt nicht so sehr darauf an, wie viel Sie zu tun haben. Entscheidend ist, wie souverän Sie mit Ihren Aufgaben umgehen.

Agieren statt reagieren

Der erste Schritt weg vom Erledigungsdruck heißt: agieren statt reagieren! Fragen Sie sich bei jeder Aufgabe: Inwieweit bringt mich das, was ich gerade tue, meinen übergeordneten Zielen näher? Diese Frage ist keineswegs trivial. Es gibt unangenehme Aufgaben, die nötig sind, wenn Sie weiterkommen wollen. In dem Moment, in dem Sie sich (wieder) bewusst machen, dass die Aufgabe Sie in Richtung Ihrer Ziele führt, sehen Sie den Sinn-Horizont. Dadurch wird die Tätigkeit weniger unangenehm. Getreu dem berühmten Zitat von Friedrich Nietzsche: „Wer ein Warum hat, erträgt fast jedes Wie." Umgekehrt gibt es Aufgaben, die auf den ersten Blick superwichtig aussehen, im Hinblick auf Ihre großen Ziele aber eher Ablenkungsmanöver sind.

In Kapitel 4 habe ich Ihnen einen Masterplan für Ihre Lebensziele empfohlen. Ein solcher Plan ist eine gute Richtschnur, um Aufgaben richtig zu priorisieren. Auch die Methode, jeden Morgen Ihre zehn wichtigsten Ziele aufzuschreiben, kann Ihnen helfen, tagsüber in der Spur zu bleiben. Dann behalten Sie besser im Kopf, was Ihnen wirklich wichtig ist, und lassen sich von Aufgaben, die im Tagesverlauf unvorhergesehen hereinkommen, nicht vollständig vereinnahmen. Schließlich können Sie den Grundsatz aus dem Zeitmanagement, maximal 50 bis 60 Prozent der Termine fest zu planen, 20 bis 25 Prozent für Unvorhergesehenes von außen und weitere 20 bis 25 Prozent für eigene spontane Ideen zu reservieren (siehe Kapitel 5), auch auf Ihre Aufgabenplanung übertragen.

Somit ergeben sich folgende Richtwerte:

- 50 Prozent Ihrer Aufgaben dienen langfristigen Zielen (siehe Masterplan).
- 30 Prozent der Aufgaben kommen unaufgefordert von außen.
- 20 Prozent sind spontane eigene Ideen, die Sie dann umsetzen.

Nein sagen und konsequent delegieren

„Ich bin hier zwar der Chef, aber ..." Diesen Satzanfang höre ich von Führungskräften immer wieder. Der vollständige Satz geht dann zum Beispiel so weiter: „... um alles muss ich mich selbst kümmern." Oder so: „... meine Mitarbeiter behandeln mich wie ihren Laufburschen." Oder so: „... ich saufe ab." In allen diesen Aussagen zeigt sich das „Ja-Sager-Syndrom". In gewisser Weise stecken Chefs in einem psychologischen Dilemma: Sie können entweder gemocht oder respektiert werden – aber selten beides auf einmal. Insbesondere Führungskräfte, die vom Teammitglied zum Chef befördert worden sind, wollen oft für ihre ehemaligen Kollegen weiter „der nette Kumpel" sein. Sie versäumen es manchmal, sich Respekt zu verschaffen. Die Folge: „Der Schwanz wedelt mit dem Hund."

Alle, die vermeiden wollen, dass ihre Mitarbeiter sie fest im Griff haben, müssen Nein sagen können und konsequent delegieren. Beim Delegieren sind zwei Punkte besonders wichtig: erstens, den Arbeitsfortschritt bei delegierten Aufgaben systematisch verfolgen. Ich habe bisher leider nur wenige Führungskräfte kennengelernt, die darin wirklich gut sind. Als Folge davon neigen Mitarbeiter dazu, Aufgaben „auszusitzen", statt sie zu erledigen. Warum sich die Mühe machen, wenn der Chef ohnehin nie wieder nachfragt?

Der zweite wichtige Punkt lautet: Rückdelegation auf keinen Fall zulassen. Immer wieder fallen Chefs auf Schmeicheleien ihrer Mitarbeiter herein, welche Helden sie – als Chefs – doch seien und wie viel besser sie dieses oder jenes doch könnten. Egal, wie viel besser als Ihre Mitarbeiter Sie auch sein mögen: Delegiert ist delegiert.

TIPP:
Lassen Sie sich gerne mal von der Arbeit ablenken? Vor allem durch Facebook, Xing & Co.? Dann geht es Ihnen wie Millionen. Das kostenlose Programm Cold Turkey setzt Sie auf „Daddel-Entzug". Es sperrt Social Media und andere ablenkende Seiten für so lange, wie Sie es bestimmen. Damit guten Vorsätzen auch gute Taten folgen. Infos unter 24

So werden Aufgaben beherrschbar

> **TIPP:**
> Auch gegen Prokrastination – die berüchtigte „Aufschieberitis" – hilft die Methode von Brain Tracy: „Eat that Frog". Das heißt, erst die ekligste Aufgabe erledigen! Danach die wichtigste. Infos unter 25
>
>

Wenn Sie sich Lorbeeren verdienen möchten, dann tun Sie es am besten damit, dass Sie Ihre Mitarbeiter weiterentwickeln und Schritt für Schritt befähigen, Aufgaben genauso gut zu bewältigen wie Sie selbst. Sie kennen vielleicht die chinesische Weisheit: „Gibst du einem hungrigen Menschen einen Fisch, so ist er satt für einen Tag. Lehrst du ihn das Fischen, so wird er satt für den Rest seines Lebens." Natürlich fühlt es sich gut an, als Chef der Held zu sein, der als einziger „fischen" kann. Doch Führungskräfte sollten sich besser um die Fahrt des Fischerboots in fischreiche Gewässer kümmern als um das Fischen.

Grundregeln für unvorhergesehene Aufgaben

Wenn nur noch ungefähr 30 Prozent Ihrer Aufgaben unerwartet von außen kommen und Sie in der übrigen Zeit selbstbestimmt gemäß Ihren Zielen arbeiten, dann sind Sie einen Riesenschritt weiter. Allerdings werden Sie feststellen, dass gerade diese 30 Prozent meistens die größten Schwierigkeiten bereiten und das höchste Stressrisiko bergen. Die Lösung: Schaffen Sie sich ein klares Regelwerk – gewissermaßen ein „Raster" – für unvorhergesehene Aufgaben. Allein schon die Tatsache, dass Sie selbst die „Spielregeln" bestimmen, wie Sie mit den Bedürfnissen anderer umgehen, holt Sie aus der Fremdbestimmung heraus. Ganz praktisch führt ein solches rasterartiges Vorgehen dazu, dass Sie immer weniger Aufgaben selbst erledigen.

In den folgenden Absätzen stelle ich Ihnen ein Raster vor, das es erlaubt, eingehende Aufgaben mithilfe von Entscheidungsfragen zu sortieren.

**Entscheidungsfrage 1:
„Was passiert, wenn diese Aufgabe überhaupt nicht erledigt wird?"**

Oft lautet die Antwort: gar nichts. Für manche Führungskräfte ist es dennoch ein Tabu, sich diese Frage überhaupt zu stellen. Dabei soll es schon Politiker gegeben haben, die mit „Aussitzen" sehr weit gekommen sind. Manche Aufgaben sind einfach ziemlich sinnlos. Da werden Führungskräfte als Auskunftsstelle oder als Servicekraft missbraucht. Wenn sinnlose Aufgaben trotzdem erledigt werden, dann oft aus Furcht, es könnte jemand enttäuscht sein oder Ärger machen. Allerdings: Nur wenige Leute haben ein wirklich funktionierendes Wiedervorlagesystem. Bittet Ihr Kollege Sie also zum Beispiel per E-Mail um Feedback zu einem Vertragsentwurf, dann ist die Wahrscheinlichkeit nicht gering, dass er seine Bitte nach zwei Wochen vergessen hat und Sie nie wieder darauf ansprechen wird.

Wenn Sie beschlossen haben, eine Aufgabe nicht zu erledigen, entscheiden Sie als Nächstes: Sofort löschen oder höflich absagen? Löschen ist meistens einfacher. Denn da müssen Sie nichts erklären. Höflich Nein sagen ist eine Kunst. Eine Absage darf nicht zu schroff sein – aber auch nicht nach einer Ausrede klingen. Wortreiche Erklärungen und Rechtfertigungen sind immer problematisch. Am besten kurz und knapp: „Tut mir leid, das geht nicht." Und vielleicht geben Sie dann noch einen Tipp, wer stattdessen weiterhelfen könnte.

Übrigens: Besonders Selbstständige, Freiberufler und Geschäftsführer von Kleinunternehmen kommen an der Kunst der höflichen Absage selten vorbei, wenn sie die Hoheit über ihre Zeit behalten wollen.

**Entscheidungsfrage 2:
„Wer außer mir kann diese Aufgabe erledigen?"**

Der Management-Experte David Barcklow schätzt, dass lediglich 10 Prozent der Tätigkeiten von Führungskräften tatsächlich wertsteigernd sind. 40 Prozent sind nicht wertsteigernd und 50 Prozent sogar kostensteigernd, also Verschwendung (siehe nachfolgenden Kasten). Die Frage nach der möglichen Delegation von Aufgaben ist erfolgskritisch für Unternehmen jeder Größe. Wenn Sie keine spontane Idee haben, wer außer Ihnen eine Aufgabe erledigen könnte, lohnt es sich deshalb, noch etwas nachzudenken und sich zwei weitere Fragen zu stellen:

Wer außer mir könnte, wenn nicht jetzt, dann wenigstens in Zukunft eine solche Aufgabe übernehmen, sofern ich genug in Anleitung und Ausbildung investiere?

Gibt es externe Dienstleister, die eine solche Aufgabe übernehmen könnten (Alternative: Studenten oder Praktikanten)?

Häufig werden Mitarbeiter allein deshalb für Aufgaben nicht angelernt oder weitergebildet, weil es im Moment mehr kosten und länger dauern würde. Wenn Führungskräfte allerdings immer wieder dieselben Aufgaben selbst erledigen – zum Beispiel Präsentationen erstellen –, lohnt es sich, in Anleitung und Ausbildung zu investieren. Für weniger anspruchsvolle Jobs, vor allem in kleinen Unternehmen, kann es sich zudem auszahlen, für einige Stunden in der Woche Studenten zu beschäftigen. Diese sind oft topfit im Internet und können häufig auch Aufgaben im Bereich Recherche und Akquise übernehmen.

Sieben Arten der Verschwendung im Management

Nach Schätzungen des Managementexperten David Barcklow sind im Durchschnitt rund 50 Prozent der Tätigkeiten von Führungskräften letzten Endes kostensteigernd, also Verschwendung. Angelehnt an die „Sieben Arten der Verschwendung" in der Produktion gemäß dem „Toyota-Management-System" (TMS) sind dies laut Barcklow die sieben häufigsten Arten der Verschwendung bei Führungskräften:

1. **Blindleistung** – es wird aus Ehrgeiz über das Notwendige hinaus gearbeitet.
2. **Arbeitsrückstände** – je länger eine Aufgabe herumliegt, desto mehr Energie kostet sie am Ende.

3. **Informationsdefizite** – wer sich nötige Informationen erst zusammensuchen muss, braucht umso länger.
4. **Wartezeiten** – Kapazitäten bleiben ungenutzt, weil es nicht weitergeht.
5. **Nicht sachgerechte Prozesse** – wieso einfach, wenn man es umständlich gewohnt ist?
6. **Unnütze Tätigkeiten** – ein Tipp dazu: Erst denken, dann anfangen!
7. **Qualitätsprobleme** – fragen Sie sich dann: Was lässt sich unternehmen, um die Fehlerquote zu senken?

Als Timothy Ferriss 2007 in seinem Weltbestseller „Die 4-Stunden-Woche" über die „Operation Outsourcen" schrieb und den Rat gab, sämtliche unangenehmen Aufgaben im persönlichen Leben von preiswerten Dienstleistern erledigen zu lassen, hielten das im deutschsprachigen Raum viele für unrealistisch. Und tatsächlich: Die neuen „Remote Executive Assistants" bei Firmen wie Brickwork saßen in Indien und sprachen am Telefon – ein oft gewöhnungsbedürftiges – Englisch. Heute allerdings gibt es deutschsprachige virtuelle Assistenzdienste, die zahlreiche lästige Aufgaben übernehmen. Vorausgesetzt, sie lassen sich per Internet und Telefon erledigen. Ein innovativer Anbieter ist hier Strandschicht. Das Berliner Start-up beschäftigt qualifizierte, sehr gut Deutsch sprechende und schreibende Arbeitskräfte in Osteuropa. Meistens sind es junge Akademiker, die sich auf diese Weise etwas dazuverdienen.

Dienstleister wie Strandschicht sind perfekt für Manager kleiner Unternehmen, die kein großes Personalbudget haben. Doch letztlich ist es ein Angebot für alle, die lästige Aufgaben „loswerden" wollen. Für eine Reise im Wohnmobil mit der Familie quer durch Italien habe ich mir einmal von Strandschicht die Adressen und Öffnungszeiten aller Hallenbäder in den Städten, an denen wir unterwegs vorbeikamen, heraussuchen lassen. So konnten wir jeden Morgen erst einmal schwimmen gehen. Beruflich lasse ich meinem „Virtual Personal Assistant" – als Stammkunde kenne ich ihn

TIPP:
Mehr Infos über die deutschsprachigen Virtuellen Persönlichen Assistenten von Strandschicht finden Sie unter 26.

persönlich, mein VPA hat sogar einen MBA und eine Promotion! – zum Beispiel PowerPoint-Folien erstellen oder Tabellen aktualisieren. Meine Erfahrung: Je besser das Briefing, desto besser das Ergebnis.

Die Preismodelle dieser neuartigen Dienstleister sind sich sehr ähnlich. In der Regel ist man vertraglich nicht gebunden, bekommt aber erhebliche Rabatte auf den Stundenpreis, wenn man größere Kontingente im Voraus fest bucht. Persönliche Assistenten, die in gediegenen Büros in Frankfurt oder München sitzen, kosten schnell dreimal so viel wie die Osteuropäer, sind aber nicht in jedem Fall besser, vom akzentfreien Deutsch am Telefon natürlich abgesehen.

Brickwork (www.brickworkindia.com) gibt es zwar nicht in deutscher Sprache, empfiehlt sich aber dennoch für Aufgaben, die etwas mehr betriebswirtschaftliche Kenntnisse erfordern. Sofern eben Englisch als Geschäftssprache okay ist. GetFriday arbeitet wie Brickwork in Indien und musste seinen deutschsprachigen Service wieder einstellen, da die Nachfrage mit dem zur Verfügung stehenden Personal nicht zu bewältigen war. Ich schätze jedoch, es wird in den nächsten Jahren weitere europäische Anbieter geben, und zwar für immer anspruchsvollere Aufgaben, die sich „virtuell" delegieren lassen.

Entscheidungsfrage 3:
„Wenn ich diese Aufgabe wirklich selbst erledigen muss, wann tue ich das am besten?"

Wahrscheinlich haben Sie von der „Zwei-Minuten-Regel" von David Allen schon einmal gehört oder beherzigen diese sogar. Sie lautet: Jede Aufgabe, die nicht länger als zwei Minuten dauert, erledigt man am besten sofort. Die Begründung: Jede Planung und Verwaltung solcher kleinen Aufgaben, beispielsweise in elektronischen To-do-Listen, würde unterm Strich viel länger dauern als zwei Minuten. Ich halte viel von der Zwei-Minuten-Regel und empfehle sie Ihnen ausdrücklich. Allerdings mit einer Einschränkung: „Zwei Minuten" klingt griffig und motivierend – in der Praxis kosten solche kleinen Aufgaben allerdings eher fünf bis zehn Minuten. Das ist auch noch okay – und besser, als die Aufgabe zu „verwalten".

„Sofort" erledigen heißt in der Praxis natürlich: so bald wie möglich. Wenn Sie sich durch neu hereinkommende Kleinigkeiten von wichtigen Aufgaben ablenken lassen und Ihre Konzentration einbüßen, verliert die Zwei-Minuten-Regel ihren Sinn. Erst wenn Sie länger als fünf bis zehn Minuten für eine Aufgabe brauchen, kommt eine To-do-Liste ins Spiel! Das Ziel des Entscheidungsrasters ist es also, so wenig wie möglich auf die Aufgabenliste zu setzen.

> **TIPP:**
> Sie stecken mitten in einer Aufgabe und haben spontan eine Idee? Da hilft ein simpler Notizzettel (aus Papier oder digital), auf dem Sie die Idee erst mal parken. Wenn Sie fertig sind, machen Sie dann eine reguläre Aufgabe draus.

Egal, ob Sie Ihre Aufgabenliste analog oder digital führen: Pflegen Sie Aufgaben nie ohne Priorität und ohne Terminierung ein. Bei der Priorisierung halte ich das gute alte Eisenhower-Prinzip immer noch für das Beste: Die Aufgaben werden dabei anhand der Kriterien wichtig/nicht wichtig sowie dringend/nicht dringend in vier Quadranten verteilt. Im nächsten Abschnitt lernen Sie auch ein digitales Tool kennen, das To-do-Listen nach dem Eisenhower-Prinzip ermöglicht. Einer der Vorteile dieser Methode: Sie haben jetzt noch ein zweites Mal die Gelegenheit, etwas auszusortieren. Nämlich das, was im Quadranten „nicht wichtig und nicht dringend" landet. Vielleicht können Sie diese Aufgabe ja doch noch ignorieren, ohne dass etwas Schlimmes passiert.

Haben Sie gemäß dem Eisenhower-Prinzip in A-, B-, C- und D-Aufgaben priorisiert (A = wichtig und dringend; B = wichtig, aber nicht dringend; C = dringend, aber nicht wichtig; D= weder wichtig noch dringend), dann vergeben Sie im nächsten Schritt Termine. Hier empfehle ich – wie schon im ersten Kapitel – fünf verschiedene Ordner bzw. Kategorien anzulegen.

Ordner für die Terminierung von Aufgaben

Nachdem Sie jede Aufgabe gemäß dem Eisenhower-Prinzip priorisiert haben, entscheiden Sie, wann diese erledigt werden soll, und verschieben sie in den entsprechenden Ordner:

- Heute
- Diese Woche
- Nächste Woche
- Später
- Irgendwann

Am Ende jeder Periode gehen Sie Ihre jeweiligen Ordner beziehungsweise Kategorien durch: Haben Sie die Aufgabe erledigt? Dann kann sie gelöscht werden. Falls Sie es nicht geschafft haben, verschieben Sie die Aufgabe entsprechend. Also beispielsweise am Ende des Tages vom Ordner „Heute" in den Ordner „Diese Woche".

Digitale Tools für die Aufgabenverwaltung

In Geschenkartikel-Läden gibt es ein Set aus zwei altmodischen Holzstempeln. Mit dem einen lässt sich „Witzig" stempeln und mit dem anderen „Nicht witzig". Damit lassen sich To-do-Listen auf Papier verschönern. Und darin erschöpfen sich die Vorteile der Papiervariante auch schon. Spaß beiseite: Klar ist Papier auch beim Notieren von To-dos schneller. Aber in der Praxis müssen Aufgabenlisten nun einmal ständig gepflegt werden. Was diese Woche nicht mehr erledigt werden konnte, rutscht in die nächste Woche. Und was eben noch dringend war, ist aufgrund neuer Umstände nun nicht mehr so dringend. Digitale Werkzeuge helfen da enorm, den Überblick zu bewahren.

Wieder einmal Outlook!

Wahrscheinlich denken viele Führungskräfte beim Thema digitale Aufgabenverwaltung als Erstes an Microsoft Outlook. Da liegen sie auch absolut nicht falsch! Outlook ist ein sehr leistungsfähiges Instrument, um Ziele, Kunden, Termine und schließlich Aufgaben miteinander zu verknüpfen. Voraussetzung – wie bereits bei E-Mails und Kalendern – ist die Synchronisation auf allen digitalen Endgeräten. Diese kann über Microsoft Exchange Server (direkt oder „gehostet", zum Beispiel über Kerio Connect) erfolgen. Falls sämtliche mobilen Geräte von Apple stammen, ist auch die Apple iCloud möglich. Doch Vorsicht: Auf dem iPhone gehen die Outlook-Kategorien verloren. Beim Blackberry und bei Smartphones mit Windows Phone bleiben sie erhalten.

> **TIPP:**
> Ein simpler Timer, eine „digitale Eieruhr", wirkt bei einigen (nicht allen) Menschen wahre Wunder. Sie geben sich für eine Aufgabe zum Beispiel exakt 30 Minuten Zeit. Sobald der Timer läuft, arbeiten Sie meistens effizienter als ohne diese Selbstkontrolle. Auch regelmäßige Pausenzeiten lassen sich so überwachen.

Vor allem für jene, die Outlook zur Aufgabenverwaltung benutzen, ist es empfehlenswert, mithilfe der Kategorien zwei Ebenen zu definieren: Projekte und Mitarbeiter. So lassen sich delegierte Aufgaben gut nachverfolgen. Sie sehen zum Beispiel per Mausklick, dass der Mitarbeiter Müller gerade Aufgaben aus vier Projekten hat. Oder Sie sehen umgekehrt bei einem Projekt, an welche Mitarbeiter Aufgaben daraus vergeben sind. Da Sie das nicht ständig sehen müssen, ist es zu verschmerzen, wenn Sie die Kategorien auf Ihrem digitalen Endgerät nicht angezeigt bekommen. Statt Kategorien können Sie aber auch einfach Ordner verwenden. So lassen sich unterschiedliche Lebensbereiche integrieren – beispielsweise die vier Bereiche des LIFE-Prinzips, die Sie schon aus den Kapiteln über E-Mails (Kapitel 1) beziehungsweise Ziele (Kapitel 4) kennen.

Alternativen zu Outlook

Der größte Haken bei Outlook ist die Komplexität. Bereits die Benutzeroberfläche ist nach Jahren der Erweiterung um immer neue Funktionen ungefähr so übersichtlich wie das Cockpit einer Boeing 737. Aufgabendelegation über Outlook ist vielen schlicht zu kompliziert - mir persönlich übrigens auch. Noch komplizierter sind nur Projektmanagement-Tools. Wer seine ganz normale Aufgabenverwaltung mit Microsoft Project erledigt, solche Leute soll es geben, legt es auf einen echten Overkill an. Einfacher zu handhaben – und deshalb recht beliebt – sind Microsoft-Excel-Tabellen. Diese Alternative bietet sich vor allem für „Zahlenmenschen" an, die ohnehin viel mit Excel arbeiten. Sie können die automatischen Filterfunktionen von Excel analog den Kategorien von Outlook nutzen. Mindmaps dagegen sind weniger sinnvoll, da sie meist zu groß werden.

„Der kleine Eisenhower": Priority Matrix

Wem das „Eisenhower-Prinzip" in Fleisch und Blut übergegangen ist, der wird Priority Matrix lieben! Die Software des Anbieters Appfluence kombiniert eine Aufgabenliste mit den vier Quadranten der Eisenhower-Systematik, die auf den ersten Blick als unterschiedlich eingefärbte Felder ins Auge springen. Priority Matrix ist in der „Schreibtischversion" für Windows und Mac OS und in der mobilen Version für iPhone und iPad erhältlich, jedoch leider nur auf Englisch. Die Felder des Eisenhower-Prinzips heißen deshalb standardmäßig „Critical and immediate" für Priorität A, „Critical but not immediate" (B), „Not critical but immediate" (C) sowie „Uncategorized" (D). Sie können die Bezeichnungen aber individuell anpassen – und einfach deutsche Begriffe einsetzen.

> **TIPP:**
> Infos über Priority Matrix finden Sie im App-Store von Apple unter 27.
>
>

Priority Matrix wird über einen eigenen Server des Anbieters synchronisiert. Wer also beispielsweise die Windows-Version und die iPhone-Version kauft (alle Versionen müssen separat erworben werden), hat gratis die Synchronisation dazu. Der große Vorteil von Aufgabenverwaltungen wie Priority Matrix besteht in der Kombination aus Einfachheit und hoher Flexibilität. Im Grunde haben Sie bei Priority Matrix vier einfache To-do-Listen, jedoch lässt sich alles schnell umgruppieren sowie mit weiteren Farben, Symbolen und Kategorien versehen. Die Oberfläche lässt sich zudem dem individuellen Geschmack vielfach anpassen. Die aus Outlook bekannten Start- bzw. End-Datumsangaben sowie Erinnerungsfunktionen sind ebenfalls enthalten.

Und was wird aus dem Papierkram?

Die beste elektronische Aufgabenverwaltung nützt nichts, wenn die mit Aufgaben verknüpften Papiere sich auf oder neben dem Schreibtisch stapeln. Zumal Aufgaben nach wie vor nicht ausschließlich elektronisch, sondern auch auf Papier eingehen – zum Beispiel Formulare mit den „Auskunftswünschen" von Behörden. Die elektronische Aufgabenverwaltung sollte daher durch ein effektives Wiedervorlagesystem für Papier ergänzt werden. Bewährt hat sich zum Beispiel das Hängeordner-System des Anbieters Mappei. Dessen Farbcodes und Datums-Schlüssel werden nach einem persönlichen Gespräch mit einem Mappei-Berater an die Bedürfnisse der Nutzer angepasst.

Weitere Tools für PC, Mac und iPhone

Wer im Vertrieb arbeitet und ohnehin CRM-Systeme verwendet, kann auch diese sehr gut zur Aufgabenverwaltung verwenden. ACT für Windows (Infos: www.sage.de/smb/prodloes/act) sowie Daylite für den Mac (Infos: www.iosxpert.biz/daylite) sind sehr empfehlenswerte CRM-Tools für Selbstständige und Mittelständler. In beiden Programmen können Sie leicht Aufgaben mit Kunden verknüpfen. Das macht Sinn, weil letztlich die meisten Aktivitäten an Menschen geknüpft sind. Tipp: Legen Sie die Inhouse-Kontakte einfach als interne „Kunden" an und behandeln Sie diese im CRM-System genau wie externe Kunden. Dann können Sie – insbesondere in Daylite – auch hervorragend Aufgaben delegieren und nachverfolgen.

Speziell für Mac-Anwender sind Things und Omnifocus weitere Alternativen zur Aufgabenverwaltung in Outlook. Things (Infos unter http://culturedcode.com/things oder im Mac App-Store) ist ein eleganter und übersichtlicher Taskmanager. Dieses Programm hat einen De-

> **TIPP:**
> Alleskönner gesucht? Der Webdienst AirSet ist eine Cloud-basierte Plattform, über die nicht nur Aufgabenlisten, sondern auch Kalender, Adressbücher und weitere Software (auch im Team) genutzt werden können. Dazu importiert AirSet Daten aus vielen Formaten und synchronisiert sie mit Microsoft Office.
> Infos unter 28
>
>

signpreis gewonnen – wofür ja leider nicht allzu viele Apps Kandidaten sind. Über eine eigene Cloud des Herstellers ist die Synchronisation mit iPad und iPhone kostenlos möglich. Omnifocus (Infos: www.omnigroup.com/products/omnifocus oder im Mac App-Store) gewinnt ganz sicher keinen Designpreis, bietet dafür jedoch wesentlich mehr Funktionen als Things. Natürlich bedeutet das wiederum höhere Komplexität, was die Vorteile gegenüber Outlook relativiert.

Für das iPhone schließlich gibt es etliche Apps, die To-dos verwalten. Appigo Todo zum Beispiel sieht passabel aus, ist umfangreich, aber nicht zu komplex, und bietet zudem die interessante Möglichkeit, über GoodReader (ein sehr empfehlenswerter Dateimanager für das iPad) Dokumente mit Aufgaben zu verknüpfen. Any.Do (Infos: http://www. any.do/) besticht hingegen durch seine Schlichtheit und Übersichtlichkeit. Wer einfache To-do-Listen braucht – die sich synchronisieren und teilen lassen –, ist hier richtig. Ebenfalls schlicht und einfach, zudem sowohl fürs iPhone als auch für den Mac erhältlich, ist Clear (Infos unter http://www.realmacsoftware.com/clear/ oder im App-Store). Letztlich ist es eine Frage der persönlichen Anforderungen und des Geschmacks, mit welcher Aufgabenverwaltung Sie auf dem iPhone am besten klarkommen.

Fazit: Aufgabenverwaltung scheitert seltener an mangelnden Möglichkeiten technischer Unterstützung als an fehlender Konsequenz bei den Methoden. Wer sinnvolle Grundsätze beherzigt und ein funktionierendes Entscheidungsraster für eingehende Aufgaben hat, findet schließlich auch passende Tools, die wirklich Zeit sparen.

Endlich ein einziges Adressbuch! 7

Das Wichtigste im Überblick

→ Kontakte gehören zum wichtigsten Kapital eines Unternehmens.
→ Adressen sollten einheitlich formatiert und jederzeit synchron sein.
→ Auch für kleinere Firmen lohnen sich zentrale Adressbücher.
→ Der Dienstleister bitCard erfasst Visitenkarten zu 99 Prozent fehlerfrei digital.
→ Smarte Tools binden die Kontaktinfos aus sozialen Netzen ein.

Kennen Sie NINO? Nein, das ist nicht mein italienischer Herrenfriseur. Sondern NINO steht für „Nothing In, Nothing Out" – wo ich nichts eingebe, kann ich später auch nichts abrufen. Wenn ich die gestern auf einer Messe in Hannover eingesammelte Visitenkarte eines potenziellen Kunden nicht erst digitalisiert, dann ins Adressbuch eingepflegt und anschließend auf allen Geräten synchronisiert habe, dann kann ich auch nicht erwarten, heute am Hamburger Flughafen die Telefonnummer des Kontakts auf dem iPhone zu haben. Dumm nur, wenn mir jetzt brühwarm einfällt, dass ich versprochen hatte, mich gleich am nächsten Tag zu melden.

NINO ist übrigens ein guter Freund von GIGO. Ja, NINO pflegt richtig schlechten Umgang. GIGO steht nämlich für „Garbage In, Garbage Out". Wo ich Müll eingebe, kommt später auch Müll heraus. Wenn ich eine Telefonnummer bloß per „Copy & Paste" aus einer E-Mail-Signatur ins Adressbuch geholt habe, kann es sein, dass auch mein smartestes Smartphone in den USA unter der Nummer „0049 1234-567890" keine Verbindung herstellen kann. In den USA funktionieren die Landesvorwahlen nun mal nicht mit „Doppelnull". NINO und GIGO – das Leben funktioniert im Prinzip ganz einfach und kann doch sehr grausam sein.

„Gute Kontakte sind alles", heißt es im Business oft. Kontaktdaten gehören zum wichtigsten Kapital eines Unternehmens. Wie kann es sein, dass dann oft so schlampig mit ihnen umgegangen wird? Böse Absicht ist bestimmt nicht der Grund. Es genügt vielmehr schon ein wenig technikaffiner Chef in Kombination mit einer Assistenz, die langweilige Aufgaben gerne vergisst oder unaufmerksam erledigt, und schon droht das Chaos. In diesem Kapitel lernen Sie einfache Regeln und intelligente Tools kennen, um auf allen Ihren Geräten ein einheitliches, aktuelles und gut gepflegtes Adressbuch vorzufinden.

Aufmerksamer Umgang mit Adressen

Eines vorweg: Müssen wir an dieser Stelle noch lange über Papier sprechen? Nein, müssen wir nicht. Es gibt zwar im Schreibwarenhandel edle gebundene Adressbücher, beispielsweise von Moleskine. Doch mir sind in den letzten Jahren schlicht keine Führungskräfte begegnet, die diese für geschäftliche Zwecke nutzen würden. Die Nachteile wären auch zu groß. Nicht nur, weil Adressdaten sich im Business ständig ändern. Sondern auch, weil dann jede Telefonnummer und jede E-Mail-Adresse jedes Mal per Hand eingetippt oder per Spracherkennung erfasst werden müsste. Und zwar zeitintensiv und mit hoher Fehlerquote. Nein, bei Adressen sind wir heute ganz in der digitalen Welt.

Das bedeutet leider nicht, dass diese Welt überall in Ordnung wäre. Typisches Problem: Der Adressbestand ist auf jedem Gerät anders. Da hat jemand zum Beispiel einmal sämtliche Adressen aus seinem Outlook-Konto auf sein Smartphone übertragen und seitdem neue Adressen und Adressänderungen nur noch auf dem Smartphone eingepflegt. Man hat es ja immer dabei – und außerdem ist es das schönere „Spielzeug". Leider ist es dann irgendwann nicht mehr möglich, in Outlook schnell eine E-Mail zu schreiben, ohne im Smartphone nachzuschauen, ob die E-Mail-Adresse noch stimmt. Solche Probleme sind bei meinen Seminarteilnehmern eher die Regel als die Ausnahme.

Adressdaten zusammenführen und synchronisieren

Mit jedem neuen mobilen Handy oder Tablet wird es komplizierter, Adressen auf allen Geräten synchron zu halten. Denn jedes Mal bekommen Sie wieder ein neues Adressbuch beschert. So haben Sie dann vielleicht am Schreibtisch Outlook, auf dem iPhone das iOS-Adressbuch und auf einem Tablet von Samsung das Adressbuch von Google Android. Hinzu kommt die wachsende Bedeutung der sozialen Netze. Mit jedem neuen Kontakt auf Xing, LinkedIn oder Facebook werden in der Regel auch Adressdaten für Sie freigegeben. Jedoch bleiben sie in Outlook oder auf dem Smartphone unsichtbar, solange Sie diese nicht importieren.

Der erste Schritt einer „Aufräum-Aktion" heißt deshalb: Führen Sie sämtliche verfügbaren Adressdaten zusammen und sorgen Sie für regelmäßige Synchronisation. Wenn Sie zum ersten Mal sämtliche Adressbücher synchronisieren, dann werden die jeweils fehlenden Datensätze überall importiert. Es kann sein, dass Sie dabei Doppelungen (sogenannte Dubletten) beseitigen müssen. Dazu später mehr. Wieder sind Microsoft Exchange Server oder Apple iCloud die beiden empfehlenswerten Programme zur Synchronisation auf allen Geräten.

> **TIPP:**
> In Konzernen sind einheitliche Adressbücher selbstverständlich. Auch kleine und mittlere Unternehmen sollten Insellösungen vermeiden. Wenn Sie schon Kontakte synchronisieren, dann auch mit Zugriff für die Mitarbeiter. Ein passendes Serverprotokoll dazu ist CardDAV.
> Als Chef können Sie sich ein zweites Adressbuch für Ihre ganz persönlichen Kontakte einrichten – aber das dann bitte auch auf allen Ihren persönlichen Endgeräten synchronisiert.

Wenn Sie die bisherigen Kapitel aufmerksam gelesen haben, dann wissen Sie bereits, dass Exchange als offener Standard Daten auf allen möglichen Geräten mit den unterschiedlichsten Betriebssystemen synchronisieren kann. Also beispielsweise Microsoft Windows, Apple iOS und

Google Android bunt gemischt. iCloud von Apple kann nicht ganz so viel, denn hier müssen alle mobilen Endgeräte von Apple sein. Das heißt, Sie arbeiten unterwegs mit dem iPad beziehungsweise dem iPhone. Vielleicht erinnern Sie sich ebenfalls aus den vorherigen Kapiteln, dass Sie einen Exchange Server nicht für viel Geld in der eigenen Firma stehen haben müssen, sondern Exchange auch als Dienstleistung gegen eine monatliche Gebühr bekommen – zum Beispiel als Kerio Connect vom Anbieter Kerio.

Welches ist das (Adress-) „Buch der Bücher"?

Sobald Sie die Adressbücher auf sämtlichen Geräten über Exchange oder iCloud synchronisieren, ist es grundsätzlich egal, auf welchem Gerät und in welcher Anwendung Sie Änderungen vornehmen. In Sekundenschnelle stehen die Daten auf allen Geräten und in allen Programmen zur Verfügung. Dennoch ist es empfehlenswert, größere „Wartungsarbeiten" immer in demselben Programm vorzunehmen. Wenn die Abläufe sitzen und Sie nichts suchen müssen, sparen Sie natürlich Zeit. Deshalb sollte das benutzerfreundlichste Adressbuch Ihr „Buch der Bücher" sein.

Leider sind Adressbuch-Apps auf Smartphones häufig unübersichtlich und Gruppierungen (etwa nach Firmen) schwierig. Auf dem Tablet geht es schon einfacher, vor allem mit Tools wie Kontakte XT. Doch am praktischsten ist immer noch das Notebook bzw. der Desktop-Rechner auf dem Schreibtisch inklusive vollwertiger Tastatur und Maus. Das Adressbuch in Apple OS ist dabei gegenüber Outlook leider nur zweite Wahl, was den Funktionsumfang und die Benutzerfreundlichkeit angeht.

Social Media integrieren

Bleiben schließlich die Adressdaten aus Social Media. Mit jedem neuen bestätigten Kontakt über Xing oder LinkedIn werden Firmenanschriften, E-Mail-Adressen, Telefonnummern, Geburtsdaten und so weiter „mitgeliefert". Viele Führungskräfte haben allein weit über 1.000 Xing-Kontakte – doch deren Daten sind für das Firmenadressbuch nur dann existent, wenn der Kontakt auch hier angelegt wurde. Xing bietet seinen Mitgliedern den sogenannten „Connector für Microsoft Outlook". Das ist ein kleines Zusatzprogramm („Plug-in"), das die Adressdaten aus Xing in Outlook importiert. Aber was ist mit den Adressen aus LinkedIn oder Facebook?

Der Xing-Connector ist lediglich ein Baustein für die größere Anwendung Outlook Social Connector (OSC). Outlook Social Connector ist ein kostenloses, offenes System von Microsoft, für das Plug-ins für einzelne soziale Netze programmiert werden können. So gibt es Bausteine für LinkedIn, Facebook oder Myspace. Social Connector lässt sich außerdem in Unternehmen mit Microsoft SharePoint verknüpfen. Für den Mac gibt es The Social Address Book. Diese auch in einer deutschsprachigen Version erhältliche App präsentiert Kontaktdaten aus Facebook, Twitter, Linkedin, Xing, Soundcloud, Foursquare und Google Contacts in der gewohnten Mac-Ansicht (Infos finden Sie unter http://apps.chbeer.de/de/socialaddressbook oder im Mac App-Store).

TIPP:
Wer Cobook statt des Standard-Adressbuchs von Apple nutzt, integriert viele Daten aus Social Media automatisch – siehe Kasten am Ende des Kapitels. Infos unter 29

Outlook Social Connector und The Social Address Book eignen sich nicht als alleiniges Adressbuch und als Basis für sämtliche Adressen. Sie ermöglichen es aber, die Adressbuchkontakte regelmäßig mit den Kontakten aus sozialen Netzen zu vergleichen und automatisiert zusammenzuführen.

Richtige Prioritäten setzen

Zwar wird kaum jemand widersprechen, dass Adressdaten zum wichtigsten Kapital jedes Unternehmens zählen. Doch hat die Pflege der Adress-Datenbank bei vielen Führungskräften und Mitarbeitern eine eher niedrige Priorität. Das passt nicht zusammen! Meinen Seminarteilnehmern gebe ich deshalb oft die Botschaft mit auf den Weg: Ändern Sie Ihre Einstellung zur Adresspflege! Diese Aufgabe ist wichtig und gehört praktisch täglich auf die Agenda. Getreu der „Zwei-Minuten-Regel" gilt deshalb für kleine Änderungen oder Ergänzungen: Bitte sofort erledigen! Sie haben mitbekommen, dass ein neuer Kontakt heute Geburtstag hat? Dann tragen Sie den Geburtstag so schnell wie möglich in die Datenbank ein.

Auch umfangreichere Eingaben ins Adressbuch sollten Sie und Ihre Mitarbeiter mit hoher Priorität behandeln. Da sind zum Beispiel die kleinen Stapel von Visitenkarten, die Sie von Messen und Kongressen oder anderen Businessveranstaltungen mitbringen. Vielleicht haben Sie sogar nach einer Keynote eine Box aufgestellt, in die die Zuhörer ihre Visitenkarten einwerfen konnten, um den Newsletter Ihrer Firma zu erhalten. Alle diese Adressen bleiben unproduktiv, solange der Papierstapel irgendwo herumliegt. Also: Kleinere Stapel am besten gleich auf dem Rückweg am Flughafen oder im Zug fotografieren und dann an die Assistenz oder an einen Dienstleister schicken. Und größere Stapel mit hoher Priorität an Mitarbeiter weiterreichen. Im folgenden Abschnitt lernen Sie einen Dienstleister kennen, der Ihnen diese Sache sehr einfach macht.

Notwendige und nützliche Daten zu Personen

Vor einiger Zeit besuchte ich einmal eine große Messe für Nahrungsmittel. Auf dem Stand eines bekannten Kaffeerösters fragte ich, wer für den Vertrieb zuständig sei. Kurze Zeit später marschierte auch schon der Vertriebschef auf mich zu. „Verdammt!", dachte ich. „Diesen Mann kennst du. Aber woher?" Ich las sein Namensschild – und als er kurz darauf eine halbe Minute abgelenkt war, spickte ich mit meinem iPhone. Im Notizfeld des Adressbucheintrags mit seinem Namen fand ich die Bemerkung, dass ich ihn 2004 bei einem Lieferantenabendessen einer großen internationalen Hotelkette kennengelernt hatte. Ich war damals Geschäftsführer des Getränkeanbieters Vitality. Und er war bei einem Nahrungsmittelkonzern als Key Accounter für die Hotelkette zuständig gewesen. Und so entspinnt sich folgender Dialog:

„Mensch", sage ich zu meinem Gesprächspartner, „kann es sein, dass wir uns 2004 bei einem Lieferantenabendessen begegnet sind?"

*Mein Gegenüber ist verblüfft: „Wow! Sie haben aber ein gutes Gedächtnis!"
Darauf ich: „Ganz ehrlich: Ich habe ein gut geführtes Adressbuch."* Schmunzelnd *lege ich noch mal nach: „Sie haben zwei Töchter, richtig? Über die haben wir uns damals unterhalten."*

Was hilft, den Kontakt zu pflegen?

Diese kleine Anekdote macht vielleicht deutlich: Wichtig ist nicht allein, dass Sie Adressdaten speichern, sondern auch, was Sie speichern und wie Sie mit den Informationen umgehen. Besser, als die dritte alternative Faxnummer einzutragen, ist es, im Notizfeld eine Bemerkung zur Kontaktquelle zu machen. Also zum Beispiel „Lieferantenabendessen 2004".

Kontaktdaten sind dazu da, in Kontakt zu bleiben und den Kontakt zu vertiefen – logisch. Dazu gibt es notwendige und nützliche Angaben. Notwendig ist zum Beispiel, die aktuelle Telefonnummer, E-Mail-Adresse oder Postadresse zu kennen, um jederzeit zuverlässig Kontakt aufnehmen zu können. Auch die aktuelle Firma und die Position im Unternehmen gehören zu den Basics. Nützlich zu wissen ist darüber hinaus, was Ihnen Anlass bieten könnte, wieder Kontakt aufzunehmen. Oder was im Fall eines Wiedersehens nach längerer Zeit für Gesprächsstoff sorgt.

Die klassische Gelegenheit, einmal wieder von sich hören zu lassen, ist – neben dem Weihnachtsfest – natürlich der Geburtstag. Die Geburtstage Ihrer wichtigsten Kontakte sollten Sie nicht nur im Adressbuch haben, sondern auch mit Ihrem Kalender verknüpfen, wie in Kapitel 5 beschrieben. So werden Sie an Geburtstage rechtzeitig erinnert und können gegebenenfalls Geschenke planen. Bei Xing können Sie sich per Mausklick eine Liste der nächsten Geburtstage Ihrer Kontakte anzeigen lassen. Natürlich rechnet die Website auch gleich aus, wie alt das Geburtstagskind wird – sofern das

> **TIPP:**
> Vorsicht, Social Engineering! Seien Sie vorsichtig mit der Angabe des vollständigen Geburtsdatums in Social Media. Schließlich wird der Geburtstag häufig zum telefonischen Sicherheits-Check herangezogen, etwa bei Banken. Betrüger versuchen deshalb, an diese Daten zu gelangen. Die Angabe von Monat und Tag genügt, um Glückwünsche zu erhalten.

Geburtsjahr korrekt angegeben wurde. Mit Apps wie Birthdays Pro oder dem iPhone-Kalender miCal können Sie für Ihr gesamtes Adressbuch Geburtstagslisten erstellen. Aber Achtung: Da die Apps auf die Daten aus Ihrem Adressbuch angewiesen sind, können die Listen immer nur so verlässlich sein wie Ihre Daten!

Ein Bild sagt mehr als 1.000 Worte

Spätestens, wenn Sie vier Personen mit dem Namen Peter Müller im Adressbuch stehen haben, werden Sie dankbar sein, jedem Datensatz ein Foto hinzugefügt zu haben. Neben der besseren Unterscheidbarkeit helfen Fotos auch, Personen schnell wiederzuerkennen. Ruft Sie zum Beispiel jemand auf Ihrem Smartphone an, von dem Sie lange nichts gehört haben, und es werden sowohl Name als auch Foto angezeigt, erkennen Sie diese Person garantiert schneller wieder. Dank Social Media ist es nicht schwer, an Fotos Ihrer Kontakte zu kommen. Kopieren Sie einfach die Profilfotos in Xing oder Facebook. Dank der Facebook-Integration geschieht das bei Apple iOS und Google Android für Facebook-Kontakte automatisch. Apps wie The Social Address Book „holen" sich ebenfalls das Profilfoto. Wenn das Foto dann immer noch nicht automatisch erscheint, suchen Sie manuell danach. Google Bildersuche mit „Name Vorname Firma" liefert fast immer Ergebnisse.

Kontaktquelle und Persönliches

Neben dem Geburtstag ist die Kontaktquelle immer eine nützliche Information. Vor allem, wenn man sich nach Jahren wieder begegnet. Machen Sie es sich am besten zur Angewohnheit, bei jedem neuen Kontakt eine kurze Notiz zur Quelle hinzufügen. Zum Beispiel: „Marketing Club Hamburg, Veranstaltung zum Thema Google, 4.11.2011". Bleiben Sie aber bitte ehrlich. Spielen Sie nicht das Superhirn, wenn Sie diese Info nach Jahren wieder verwenden. Sonst geht der Schuss schnell nach hinten los. Übrigens: Weitere wichtige Begegnungen können Sie natürlich auch notieren.

Bleibt schließlich noch Persönliches, an das Sie bei späteren Begegnungen wieder anknüpfen können. Oder auch besser nicht anknüpfen, um Fettnäpfchen aus dem Weg zu gehen. Spricht eine Person gerne über ihre Kinder und wie heißen diese? Interessiert sie sich besonders für Fußball, Golf, Reiten oder Segeln? Hat sie eine Lieblings-Automarke? Ein Lieblingsland bzw. bevorzugtes Urlaubsziel? Ist jemand Apple-Fan? Oder Vegetarier? Solche Dinge können Sie nach einem längeren Austausch im Notizfeld speichern, um für eine spätere Begegnung gleich ein paar positiv besetzte Themen parat zu haben.

Effiziente Adressdatenpflege

Seien wir ehrlich: Es gibt spannendere Herausforderungen im Business, als Adressdaten zu pflegen. Die wenigsten Führungskräfte und Mitarbeiter machen es deshalb wirklich gern. Umso wichtiger ist es, bei der Adressverwaltung eindeutige Standards zu definieren, eingespielte Prozesse zu besitzen sowie digitale Tools und externe Dienstleister einzusetzen, die viel Zeit sparen. Die erste Regel lautet: Adressen einheitlich formatieren! Immer wieder sehe ich zum Beispiel Adressbücher, in denen Telefonnummern ohne Landeskennung gespeichert sind. Ist der Chef dann mit dem Smartphone im Ausland, heißt es prompt: „Kein Anschluss unter dieser Nummer".

Outlook macht es übrigens einfach, Telefonnummern einheitlich und international gültig einzugeben. Wenn Sie auf ein Eingabefeld für eine Telefonnummer doppelklicken, dann erscheint ein kleines Dialogfeld, in dem Sie die einzelnen Bestandteile der Nummer (Land, Ortsvorwahl, Anschluss und ggf. Durchwahl) Zeile für Zeile – und damit garantiert korrekt – eingeben. Haben Sie eine E-Mail von einem neuen Kontakt bekommen

TIPP:
In vielen Adress-Datenbanken finden sich nach wie vor Postleitzahlen mit vorangestelltem Länderkürzel, etwa „D-20354 Hamburg" oder „CH-8001 Zürich".
Das entspricht nicht mehr der DIN 5008 und der Vorschrift der Deutschen Post. Korrekt tragen Sie deshalb in Outlook oder Apple OS die Postleitzahl, das Land und die Stadt in drei getrennte Felder ein. Bei Briefpost ins Ausland soll der Ort in der Landessprache und das Land auf Deutsch geschrieben werden, und zwar beides in Großbuchstaben. Beispiel:
Via Nizza, 250
10126 TORINO
ITALIEN

und gerade – trotz „Zwei-Minuten-Regel" – absolut keine Zeit, die Kontaktdaten aus der E-Mail-Signatur vollständig einzupflegen, dann ziehen Sie die E-Mail in Outlook einfach mit der Maus auf den Button „Kontakte" in der Leiste links. Outlook legt dann einen Kontakt mit Namen und E-Mail-Adresse an und zitiert den Text der E-Mail im Feld „Notizen". Von dort können Sie die Angaben aus der Signatur später in die einzelnen Felder übertragen.

Visitenkarten fehlerfrei digitalisieren

Hat Ihnen schon einmal jemand eine dieser angeblich genialen Visitenkarten-Scanner für Ihr Smartphone empfohlen? Prinzip: Sie fotografieren eine Visitenkarte und – Zack! – die App macht daraus einen Adressbucheintrag. Wenn Sie es jemals ausprobiert haben, dann wissen Sie: Es funktioniert nicht! Selbst wenn Ihnen das Foto gestochen scharf gelingt (und das gelingt nicht immer), müssen Sie meistens so viel nachkorrigieren, dass Sie den Adressbucheintrag besser gleich von Hand erstellen. Hinzu kommt, dass die erste Regel für Ihr Adressbuch lautet: Einheitlich formatieren! Die Visitenkarten Ihrer Kontakte nehmen aber keine Rücksicht auf Ihre Standards. Also müssten Sie selbst bei einer technisch perfekten Digitalisierung immer noch nachkorrigieren. Was also tun?

Holen Sie sich Anregungen bei der iPhone-App des Anbieters bitCard. Infos unter 30

Die beste Lösung, die ich im Moment kenne, heißt bitCard. Das ist keine App, sondern ein auf das Digitalisieren von Visitenkarten spezialisierter Dienstleister. Der Anbieter nennt sich selbst augenzwinkernd „Human Business Card Reader" und garantiert 99 Prozent Genauigkeit bei der Erfassung, da immer zwei Augenpaare das Ergebnis prüfen. Sie schicken Ihre fotografierten Visitenkarten per SSL-verschlüsseltem Upload oder spezieller iPhone-App zu bitCard und erhalten Ihren Adressbucheintrag im gewünschten digitalen Format (zum Beispiel vCard) zurück. Das dauert werktags zwischen 8 und 20 Uhr in der Regel eine gute Stunde und klappt garantiert bis zum nächsten Arbeitstag.

Die Standards Ihrer Datenbank für die Verarbeitung von Adressen werden selbstverständlich berücksichtigt, wenn Sie den Anbieter bitCard entsprechend briefen. Auf Wunsch werden sogar Ihre handschriftlichen Notizen auf der Visitenkarte verarbeitet und in das digitale Notizfeld eingetragen. Auch kann zu jedem Kontakt das Xing-Profil recherchiert werden. Bei allem beachtet die in der Nähe von Düsseldorf ansässige Betreiberfirma bitworxx GmbH die deutschen Datenschutzrichtlinien. Es werden keine Daten ins Ausland geschickt, was für viele Unternehmen aus Gründen der Compliance wichtig ist. Abgerechnet wird pro erfasste Karte. Im Paket wird der ohnehin attraktive Preis noch günstiger.

Duzen, Dubletten und andere Hindernisse

Kennen Sie das? Sie stehen im Kaufhaus an der Kasse, es gibt ein Problem und die Kassiererin ruft ihre Kollegin mit den Worten: „Frau Meier, kommst du mal?" Damit Ihnen solche skurrilen Mischungen aus förmlicher und informeller Anrede nicht unfreiwillig passieren, sollten Sie in Ihrem Adressbuch vorsorgen. In Ihr persönlich genutztes Adressbuch gehört zwingend die Unterscheidung, ob Sie einen Kontakt mit „Nachname Sie" oder „Vorname Du" anreden. Bei mehreren Vornamen ist für alle Adressbuchnutzer der Hinweis hilfreich, welcher der Rufname ist. Das ist im deutschsprachigen Raum nämlich uneinheitlich – nicht immer ist der erste Name auch der Rufname. Ebenso lassen bei Doppelnamen einige in der Kurzfassung den ersten, andere den zweiten Nachnamen weg. Sollte schließlich Herr Dr. Müller jemals zu Ihnen gesagt haben: „Lassen Sie doch bitte den Doktor weg", so vermerken Sie das am besten auch.

Interessante Tools für iPhone, iPad und Mac

- **xobni Smartr Contacts:** App für das iPhone, die aus sämtlichen empfangenen E-Mails ein Adressbuch generiert. Auch für Android und Blackberry erhältlich. Infos auf www.xobni.com oder im App-Store.
- **Kontakte XT:** App für iPhone und iPad, mit der sich die Kontakte im Adressbuch nach Firma, Land oder Stadt gruppieren lassen. Außerdem

Suchmöglichkeit nach unvollständigen Datensätzen. Infos im App-Store.
- **Contact Notes:** App für iPhone und iPad, die sämtliche Notizen zu den Kontakten auf einen Blick präsentiert. Infos im App-Store.
- **Cobook:** Adressbuch für Mac OS und iPhone, das mehr bietet als das Adressbuch von Apple. Gewährt auf dem Mac schnellen Zugriff über ein Icon in der Menüzeile und importiert Kontaktdaten aus Facebook, LinkedIn und Twitter. Infos auf www.cobookapp.com und im App-Store.

Gerade wenn mehrere Mitarbeiter ein zentrales Adressbuch speisen, werden sich zwangsläufig Doppelungen ergeben. Doch auch bei Ihrem persönlichen Adressbuch kann es Ihnen passieren, dass Sie sich einmal an einen Namen nicht erinnern und den Kontakt versehentlich doppelt anlegen. Deshalb ist regelmäßige Überprüfung auf Dubletten angesagt. Bereinigen Sie Dubletten stets am Computer und nicht auf mobilen Endgeräten, dann sind Sie auf der sicheren Seite. Outlook sowie CRM-Systeme und Mac OS bieten dafür komfortable Features. Aber Achtung: Lassen Sie Ihre Software die Dubletten nicht automatisch löschen, das ist viel zu fehleranfällig! Wählen Sie vielmehr eine Ansicht, in der Sie die beiden Versionen nebeneinander präsentiert bekommen und dann per Mausklick entscheiden, ob Sie eine der Varianten löschen oder beide zusammenführen möchten.

Fazit: Adressdaten gehören nicht nur zum wichtigsten Kapital eines Unternehmens, sondern verdienen es auch, so behandelt zu werden. Wer seine Adressen zeitnah pflegt und neben notwendigen auch nützliche Infos speichert, sammelt schnell Pluspunkte im Umgang mit Menschen.

Smarter reisen

Das Wichtigste im Überblick

→ Zugriff auf eigene Daten ist auf Reisen einfach und sicher möglich.
→ Je nach Anforderung helfen Ultrabook, Tablet oder Smartphone.
→ Perfekt: Immer einen WLAN-Hotspot kennen und online gehen.
→ Smarte Tools suchen und finden Flüge, Züge, Autos und Hotels.
→ Navis weisen den Weg – im eigenen Auto, im Mietwagen, zu Fuß.

In der Filmkomödie „Ausgerechnet Sibirien" spielt Joachim Król den Logistikleiter einer Leverkusener Bekleidungsfirma. Er wird vom Seniorchef zu einer winzigen Vertriebsstelle im hintersten Sibirien geschickt, um dort die Prozesse zu modernisieren. Bereits die Annullierung des Anschlussflugs in Novosibirsk bringt die geordnete Welt von Matthias Bleuel ins Wanken. Der technikverliebte Manager schafft es auch nicht, den lebensfrohen russischen Mitarbeitern „das Prinzip der Logistik" nahezubringen. Dafür lernt er eine faszinierende Sängerin sowie eine geheimnisvolle Schamanin der schorischen Urbevölkerung kennen, die sein Leben für immer verändern.

Bei manchen Managern, die nach Hannover oder Nürnberg aufbrechen, könnte man ebenfalls meinen, das Ziel hieße Sibirien. Da werden in sperrigen Pilotenkoffern nach wie vor halbe Aktenordner mitgeschleppt. Der gefühlt fünf Kilo schwere Laptop ist zwar möglicherweise frostsicher, aber zum Arbeiten in einer Flughafen-Lounge denkbar ungeeignet. Und die PowerPoint-Präsentation? Die liegt ganz „modern" auf USB-Stick oder DVD ...

Zugegeben, das war jetzt etwas übertrieben. Doch nach meiner Erfahrung schöpfen tatsächlich erst wenige Führungskräfte die heutigen Möglichkeiten mobilen Arbeitens wirklich aus. Auch bei der Buchung bzw. Umbuchung von Reisen siegt oft die Gewohnheit über neue Technologien. Dabei ließe sich unterwegs viel Zeit sparen und Ärger vermeiden. Smarter reisen bedeutet für mich:

- mobile Endgeräte sinnvoll nutzen,
- überall Zugriff auf wichtige Daten haben,
- problemlos unterwegs online gehen,
- flexibel mobil sein und
- mobil bleiben sowie jederzeit den Weg finden.

Die besten Techniken, Tools und Tipps dazu habe ich in diesem Kapitel zusammengestellt.

On the Road again – unterwegs arbeiten

Mobile Endgeräte erleben einen beispiellosen Boom und brechen zahlreiche Rekorde. Gemäß einer Untersuchung des IT-Konzerns Cisco hat bereits im Jahr 2012 die Zahl der mobilen Geräte die der Erdenbewohner überschritten. Bis 2016 sollen es über 10 Milliarden Geräte sein. Auch der mobile Daten-Traffic war 2012 bereits höher als der gesamte weltweite Datenverkehr im Internet des Jahres 2000. Zunächst wurden die Notebooks immer kleiner, leichter und schneller. Gleichzeitig verlängerten sich die Akku-Laufzeiten. Dann kamen die für mobiles Internet und WLAN optimierten Netbooks und Ultrabooks hinzu. Mit Blackberry und iPhone begann der Siegeszug der Smartphones. Schließlich verhalf das iPad von Apple dem Tablet-PC zum sensationellen Durchbruch.

Ultrabook, Tablet oder Smartphone unterwegs?

Bei so viel Auswahl an Technik kann man schon mal den Durchblick verlieren. Womit lässt sich unterwegs gut arbeiten? Eines ist klar: Der konventionelle Laptop ist aufgrund seiner Größe und des hohen Gewichts mittlerweile die schlechteste Wahl. Ein DVD-Laufwerk oder ein 15-Zoll-Display sind unterwegs auch einigermaßen überflüssig. Extrem dünne, leichte und dabei trotzdem leistungsfähige Endgeräte wie das MacBook Air – sogenannte Ultrabooks – erinnern noch am ehesten an die gewohnten Laptops. Ultrabooks eignen sich besonders für alle, die unterwegs ganze Dokumente erstellen möchten.

Wenn Sie häufig auf Reisen Präsentationen erstellen, die Tabellenkalkulation mit Zahlen füttern oder in der Textbearbeitung lange Berichte schreiben, werden Sie für die konventionelle Anordnung von Tastatur und Bildschirm ebenso dankbar sein wie für die Möglichkeit, Microsoft Office oder Apple iWork so zu nutzen, wie am Schreibtisch gewohnt. Auch bei der übrigen Software, mit der Sie zu arbeiten gewohnt sind, brauchen Sie sich nicht einzuschränken. Neben dem hohen Preis haben Ultrabooks jedoch den Nachteil, recht sperrig zu sein. Jedenfalls im unmittelbaren Vergleich zu einem Tablet.

Ein Tablet, beispielsweise das Apple iPad oder eines der sehr leistungsfähigen Galaxy Tabs von Samsung, kann fast alles, was ein Ultrabook kann – vorausgesetzt, Sie nutzen die richtigen Applikationen und Dienste. Und es spart dabei nochmals erheblich Platz und Gewicht. Das Tablet ist die erste Wahl für alle, die unterwegs eher auf Dokumente zugreifen (statt diese zu erstellen) und häufig E-Mails bearbeiten. Beides funktioniert im Prinzip auch mit dem Smartphone. Doch die Darstellung von Dateien auf dem Telefon ist winzig. Und mit den Mini-Tastaturen möchte kaum jemand mehr schreiben als wenige Wörter. Smartphones eignen sich auf Reisen zum Löschen unwichtiger E-Mails in Wartezeiten, zur Nutzung von Apps sowie als Diktiergerät, Notizblock und Kamera. Was Sie mit dem Smartphone fotografieren, können Sie zum Beispiel sofort an ein Notizprogramm wie Evernote schicken.

Neues Nutzer-Erlebnis: iPad und andere Tablets

Der Siegeszug des iPad hat seinen Grund. Ein Tablet trifft die „goldene Mitte" zwischen Notebook und Smartphone fürs Arbeiten unterwegs. Nicht zuletzt bietet es ein einzigartiges Nutzer-Erlebnis. Ein iPad ist ein eleganter Handschmeichler – und ungeheuer praktisch dazu. Ich war von Anfang an so überzeugt von den Vorteilen des iPad, dass ich gemeinsam mit Lothar J. Seiwert und Christoph Dirkes das Buch „Zeitmanagement mit dem iPad" geschrieben habe und als iPad-Coach für Manager sogar im Fernsehen aufgetreten bin. Voraussetzung für optimale iPad- bzw. Tablet-Produktivität ist allerdings, dass Sie die richtigen Applikationen einsetzen sowie die Cloud nutzen.

> **TIPP:**
> Eine Zusatztastatur vereinfacht das Bearbeiten von Dateien auf dem iPad und anderen Tablets erheblich, da die normalerweise eingeblendete Tastatur viel Platz auf dem Display wegnimmt. Mein Favorit fürs iPad: Ultrathin Keyboard Cover von Logitech.
> Infos unter 31
>
>

Immer noch höre ich: „Office mit dem iPad geht nicht." Das ist schlicht falsch. Mit den iWork-Programmen von Apple können Sie auf dem iPad die entsprechenden Microsoft-Office-Dateien (siehe Kasten) öffnen und bearbeiten. Schwierigkeiten gibt es höchstens einmal bei komplexen Funktionen wie Fußnoten oder automatischen Inhaltsverzeichnissen. Eine „einfache" PowerPoint-Datei öffnen Sie beispielsweise in Keynote. Dort werden Sie diese als Keynote-Datei bearbeiten. Anschließend konvertieren Sie die Keynote-Datei bei Bedarf zurück in PowerPoint. Oder Sie machen gleich ein PDF daraus. Letzteres ist besonders praktisch, um Dokumente direkt an Kunden zu schicken. Mit Microsoft Office Mobile wird alles noch einfacher, sobald Office auch für iOS und Android zur Verfügung steht.

Apple iWork und Microsoft Office

Die Programme des Office-Pakets von Microsoft, insbesondere Excel, Word und PowerPoint, sind derart verbreitet, dass jeder im Business sie kennt. Dagegen sind die entsprechenden Programme von Apple nicht ganz so bekannt. Deshalb hier eine kleine Gegenüberstellung:

- **Numbers** entspricht **Excel**.
- **Pages** entspricht **Word**.
- **Keynote** entspricht **PowerPoint**.

Zu Microsoft Outlook gibt es kein direktes Gegenstück von Apple. Das E-Mail-Programm von Apple heißt Mail und der Kalender iCal.

Tablets wie das iPad besitzen keine herkömmliche Computer-Festplatte und greifen deshalb drahtlos auf andernorts gespeicherte Dateien zu. iPad-Nutzer, die ohnehin in der Apple-Welt zu Hause sind, können sich über die perfekte Integration der iCloud freuen. Auch bei jedem MacBook oder iMac ist es heute die Standardeinstellung, dass ein Dokument in der Cloud und nicht lokal gespeichert wird. So ist es automatisch synchronisiert und auf jedem Endgerät verfügbar.

TIPP:
Informieren Sie sich zu Documents To Go Premium für iPhone und iPad unter 32.

Erste Wahl außerhalb der „Apple-Gemeinde" ist Documents To Go Premium. Das Programm des Herstellers DataViz wurde ursprünglich für Palm OS entwickelt und funktioniert heute mit Apple iOS, Android und Blackberry sowie mit sämtlichen mobilen Versionen von Windows. Documents To Go Premium ermöglicht selbst das Bearbeiten komplexer Office-Dateien auf iPads und anderen Tablets. Die Software zerstört dabei keine Formatierungen und erlaubt es sogar, die Kommentarfunktion in Microsoft Word zu nutzen, was beispielsweise in Pages nicht geht.

CloudOn ist eine weitere Alternative für Office-Dateien – sofern diese von der Vertraulichkeitsstufe her bedenkenlos in der „Wolke" liegen dürfen. Mit CloudOn erhalten Sie nicht nur Speicherkapazität im Web, sondern die Office-Programme Word, Excel und PowerPoint gleich mit. Sobald Sie eine Datei auf Ihrem iPad oder einem Tablet mit Android öffnen, haben Sie die passende Office-Anwendung zur Bearbeitung „virtuell" mit dabei.

Mein Tipp: Das Sicherheitsproblem lässt sich entschärfen, indem Sie Dateien nur temporär in CloudOn ablegen. Ihre Assistenz legt zum Beispiel eine Excel-Datei für einige Stunden in CloudOn. Sie bearbeiten diese unterwegs, und danach holt Ihre Assistenz die Datei wieder aus der „Wolke" heraus. Mehr Infos zu CloudOn finden Sie unter http://site.cloudon.com oder im Apple App-Store bzw. für Android bei Google Play.

Access confirmed – Datenzugriff auf Reisen

Hat Ihr Auto eigentlich noch ein Reserverad? Nach Meinung der Autohersteller sind vollwertige Reserveräder überflüssig. Sie stammen aus Zeiten, in denen die Straßen rau und Reifenpannen alltäglich waren. Heute ist es viel wahrscheinlicher, dass Sie wegen eines Elektronikdefekts „liegen bleiben" als wegen eines Reifenschadens. Dennoch wollen viele Autokäufer weiter ein Reserverad, weil sie sich damit sicherer fühlen. Ganz ähnlich ist es mit dem Papier auf Geschäftsreisen. Immer noch schleppen Führungskräfte kiloweise ausgedruckte Dateien mit, obwohl die digitalen Originale überall verfügbar wären. Aus Gewohnheit – oder weil es sich sicherer anfühlt.

Zugriff auf unkritische Dokumente

Zugegeben, Sicherheit ist ein großes Thema beim Datenzugriff unterwegs. Aber sind sämtliche Dateien sicherheitstechnisch sensibel? Bei Licht betrachtet sind viele Dateien zumindest so unkritisch, dass das Restrisiko eines Hacker-Angriffs in Kauf genommen werden kann. Wenn Ihnen früher der Laptop mit allen lokal gespeicherten Daten aus dem Auto gestohlen wurde, gerieten die Informationen ja auch in falsche Hände. Damals wie heute muss das Restrisiko abgewogen werden. Wenn Sie auf Ihre Outlook-Daten über Exchange oder – bei Endgeräten ausschließlich von Apple – über iCloud zugreifen, können Sie sich ohnehin auf einen hohen Sicherheitsstandard verlassen.

Bei allen übrigen Dateien, beispielsweise Excel-Tabellen, Word-Dokumenten oder Präsentationen, wägen Sie von Fall zu Fall ab, wie vertraulich diese sind. Ich selbst lege unkritische Dokumente – wie beispielsweise die Manuskriptdateien zu dem Buch, das Sie gerade lesen – bedenkenlos in der Dropbox ab. Für andere Cloud-Dienste, wie myDrive oder CloudOn, gilt dasselbe. Sie können das Risiko weiter minimieren, indem Sie Dateien nur für die Dauer Ihrer Reise in die Cloud legen. Oder von der Assistenz sogar nur für wenige Stunden in der Cloud bereitstellen lassen. Empfehlenswert für Tablets sind lokale Dateimanager-Apps. Da Tablets keine herkömmlichen Festplatten besitzen, fehlt eben auch der gewohnte Dateimanager. AirDrive HD schließlich ist ein interessantes Tool, das Dateien von PC oder Mac per WLAN auf das iPad überträgt und dessen lokalen Speicher für die Daten nutzbar macht.

Zugriff auf sicherheitskritische Dokumente

Wie kommen nun vertrauliche Dateien aufs mobile Endgerät, ohne dass Ihnen Schweißperlen auf der Stirn stehen? Wenn ganz spontan eine Lösung her muss, funktioniert ein kleiner Trick immer: Sie mailen die Datei über ein SSL-verschlüsseltes E-Mail-Konto an sich selbst. Die verschlüsselte Übertragung lässt sich in jedem gängigen E-Mail-Programm problemlos aktivieren. Da Sie die Verschlüsselung nicht ständig benötigen, richten Sie dafür am besten ein separates Konto ein. Professionell arbeiten Sie mit einem sicheren Dateiserver-Zugriff.

Zum Beispiel schaffen Sie sich ein sogenanntes Virtual Private Network (VPN). Das ist eine Art Verbindungstunnel von unterwegs zu Ihrem Server im Unternehmen, der für andere Internetnutzer gar nicht ohne Weiteres sichtbar ist. Oder Sie Nutzen WebDAV. Wie in Kapitel 2 bereits erwähnt, ist WebDAV als Übertragungsprotokoll der Nachfolger der älteren Standards FTP und SFTP, die heutigen Sicherheitsanforderungen nicht mehr genügen. Der Vorteil: WebDAV wird von vielen Programmen und Apps auf Notebooks, Tablets und Smartphones unterstützt. Dazu zählen beispielsweise die iWork-Programme von Apple, also Numbers, Pages und Keynote.

Eine sehr sichere Lösung kommt von Citrix Systems. Der Anbieter sorgt für den Fernzugriff auf Ihre Rechner im Unternehmen. Voraussetzung: Eine stabile Internetverbindung unterwegs, die ein hohes Datenvolumen verkraftet. Daran kann Citrix manchmal scheitern. Weiterer Nachteil von Citrix sind die hohen Kosten. Für kleine Unternehmen sowie für ein Home Office ist deshalb LogMeIn Ignition eine preiswerte Alternative. Wie der Name schon sagt („log me in"), loggen Sie sich hiermit von unterwegs in Ihren Rechner im Büro ein. Dieser muss dazu während Ihrer Reise eingeschaltet und mit dem Internet verbunden bleiben. Ein kleines, schnell installiertes Programm sorgt für die reibungslose Kommunikation mit dem mobilen Endgerät. Unterwegs haben Sie dann entweder per App für iOS, Android oder Windows oder per Webbrowser vollen Zugriff auf Ihren Rechner und alle Dateien. Mehr Infos finden Sie unter https://secure.logmein.com/DE/products/ignition.

Always on – Mobilfunk und WLAN-Hotspots

Im Jahr 2000 scherzte der damalige deutsche Finanzminister Hans Eichel, die Abkürzung UMTS stehe für „Unerwartete Mehreinnahmen zur Tilgung von Staatsschulden." Tatsächlich spülte die Versteigerung von Lizenzen für den Mobilfunk der dritten Generation (3G) stolze 50,5 Milliarden Euro in die Berliner Wilhelmstraße. Die nächste Auktion von Frequenzen im Jahr 2010 brachte zwar „nur" noch 3,6 Milliarden Euro, doch zeigt auch diese Summe, welches Marktvolumen die Industrie beim mobilen Internet sieht. Solange der Mobilfunkstandard der vierten Generation (LTE) noch nicht flächendeckend verfügbar ist, bleiben jedoch WLAN-Hotspots – also drahtlose Internetzugriffspunkte – die schnellste und beste Art, unterwegs online zu sein.

Wo ist der nächste Hotspot?

In Großstädten sieht man sie in jeder Starbucks-Filiale: „Mobile Worker", die zwei Stunden an einem Caramel Macchiato trinken und sich dafür umso intensiver mit dem Internet beschäftigen. Doch wie findet man den nächsten Hotspot, wenn man sich nicht auskennt? Beginnen wir mit den „Hotspot Findern" im Web. Der deutsche Marktführer Telekom bietet zum Beispiel unter www.t-mobile. de/hotspot/locator eine interaktive Karte, die nicht nur die aktuelle Abdeckung mit Mobilfunk aller vier Generationen anzeigt, sondern auch sämtliche Hotspots der Telekom in Deutschland verzeichnet. Dies geschieht immer mit genauer Adresse plus gegebenenfalls Öffnungszeiten der Location. Die zugehörige App Hotspot Finder für iPhone und iPad bietet zusätzlich die automatische Standortbestimmung.

TIPP:
Informieren Sie sich über den Hotspot Finder der Telekom für iPhone und iPad unter 33.

Eine internationale Suche unabhängig vom Provider bieten unabhängige Datenbanken, wie das Schweizer Portal Hotspot Locations unter www.hotspot-locations.com. Auf dem iPhone kennt zum Beispiel auch die Navigations-App von Navigon sämtliche Hotspots der Telekom und weist auf Wunsch den Weg – mit dem Auto oder zu Fuß.

Weiterer Tipp fürs Smartphone: Apps von Schnellrestaurants oder Kaffeebar-Ketten, wie McDonald's oder Starbucks. Denn wo McDonald's oder Starbucks sind, da ist auch ein WLAN. Die App FastFood für das iPhone zeigt die nächstgelegenen Schnellrestaurants an. Wer Schnellrestaurants oder Kaffeebars verabscheut, nutzt besser Apps wie WiFi-Finder (WiFi ist die im Englischen gebräuchliche Entsprechung für WLAN). Diese ermöglichen es, den Standort anzugeben und sich auf einer Karte Hotspots in der unmittelbaren Nähe anzeigen zu lassen. WiFi-Finder stellt dabei kostenlose Hotspots mit einem grünen Symbol bzw. kostenpflichtige mit einem blauen Symbol dar. Ein Nachteil ist die Unvollständigkeit – so fehlen etwa große Coffeeshops mitten in der City von Berlin oder München.

> **TIPP:**
> Das iPhone (ab Generation 4) wird im Handumdrehen zu Ihrem „Persönlichen Hotspot" und erlaubt drahtloses Onlinegehen per Notebook oder Tablet. Sie aktivieren diese Funktion unter „Einstellungen".
>
> Prüfen Sie Ihren Vertrag, ob diese Nutzung inklusive ist. Bei den neuen Flatrates der Telekom zahlen Sie nichts extra. Alte Verträge werden jedoch nicht automatisch umgestellt!

Hotspots unterwegs nutzen

Sich in die WLAN-Hotspots von Hotels, Restaurants, Flughäfen, Bahnhöfen oder auch ICEs einzuloggen, bereitet selten Probleme. Bei Notebooks und Ultrabooks erscheint meistens automatisch beim Öffnen des Webbrowsers eine Log-in-Seite. Handelt es sich um ein offenes und vollkommen kostenloses Netzwerk, stimmen Sie lediglich den AGB zu und es kann losgehen. In Coffeeshops, Hotels oder Restaurants bekommen Sie meistens einen Zugangscode an der Kasse bzw. Rezeption. Manchmal öffnet sich die Log-in-Seite nicht automatisch. Fragen Sie dann an Kasse oder Rezeption nach der IP-Adresse und geben Sie diese in der Eingabezeile des Browsers ein. Bei mobilen Geräten wie iPhone oder iPad wählen Sie unter „Einstellungen" das WLAN aus und geben das Passwort ein.

Mobilfunk-Kunden der Telekom können sämtliche Hotspots des deutschen Marktführers kostenlos nutzen. Als Telekom-Kunde schicken Sie vom Mobiltelefon aus eine SMS mit dem Text „open" an die Kurzwahl 9526. Sie erhalten dann umgehend Ihren Benutzernamen und Ihr Passwort. Einen neuen Benutzernamen legen Sie fest, indem Sie „alias" und nach einem Leerzeichen den neuen Namen an die Kurzwahl senden. Für ein neues Passwort schicken Sie „password" (englisch!) und nach dem Leerzeichen das gewünschte Passwort an die 9526.

Besonders häufig nutze ich die Telekom-Hotspots in den neueren ICE-Zügen der Deutschen Bahn. Da das Mobilfunknetz Reisende bei Fahrten abseits der Ballungsräume oft im Stich lässt, bietet das Bord-WLAN eine zuverlässige Alternative fürs mobile Arbeiten. Ich buche übrigens gerne einen Platz im Ruhebereich eines ICE. Das WLAN funktioniert auch hier – und ich kann ungestört arbeiten.

Welche Mobilfunkkarte für das Tablet?

Sowohl das iPad als auch das iPad mini können in den jeweiligen Basisversionen ausschließlich über ein WLAN mit dem Internet verbunden werden. Gegen Aufpreis von rund 100 Euro netto lässt sich eine Mobilfunkkarte integrieren, die Internetverbindungen überall dort erlaubt, wo Mobilfunkempfang gegeben ist. Trotz der vielen Hotspots, die es mittlerweile gibt, würde ich diese 100 Euro keinesfalls sparen. Ein iPad – genau wie alle anderen Tablets – macht erst dann richtig Sinn, wenn Sie (fast) überall online gehen und Dokumente ansehen oder E-Mails bearbeiten können. Bleibt die Frage nach der passenden Mobilfunkkarte. Welcher Anbieter mit welchem Tarif ist der richtige? Im Business sollten Sie diese Entscheidung nicht allein vom Preis abhängig machen.

> **TIPP:**
> Im Internet finden Sie zahlreiche Tarifrechner und Vergleichsportale für Mobilfunktarife. Darüber hinaus können Sie mit interaktiven Karten die Netzabdeckung prüfen. Die generell gute Abdeckung eines Anbieters nützt Ihnen schließlich wenig, wenn dieser gerade an Ihrem Firmenstandort oder Wohnort schwächelt.

Das Wichtigste beim Arbeiten unterwegs sind Netzabdeckung und Netzqualität. In Deutschland sehen hier verschiedene Tests seit Jahren die Netze von Telekom und Vodafone vorne, während die preiswerteren Anbieter O2 und E-Plus-Gruppe (E-Plus, BASE, simyo, blau.de) zurückfallen. O2 ist allerdings in manchen Innenstädten besser als Vodafone. Und der Vorteil der Flatrates von BASE ist, dass sie monatlich gekündigt werden können. Wer ein Smartphone mit einer Daten-Flatrate besitzt, benötigt in der Regel keinen weiteren Vertrag für das Tablet, sondern kann kostenlos oder gegen eine einmalige Gebühr (um die 30 Euro) bis zu zwei weitere SIM-Karten bekommen. Manche Shops von Mobilfunkanbietern verschweigen das schon mal, weil sie lieber weitere Verträge verkaufen möchten.

Traveling salesman – smarte Tools für unterwegs

Nach Angaben des Verbands Internet Reisevertrieb (VIR) wurde in Deutschland 2011 etwa jede sechste Reise im Internet gebucht. Auch bei Geschäftsreisen liegen die Online-Buchungen Untersuchungen zufolge bei 15 bis 20 Prozent. Das ist, gemessen an den heutigen technischen Möglichkeiten, noch relativ wenig. Für Standardbuchungen von Bahnfahrkarten, Flugtickets, Hotels oder Mietwagen sind digitale Instrumente unschlagbar komfortabel und effizient. Nehmen Sie zum Beispiel Skyscanner. Der Dienst hilft, den besten und günstigsten Flug zu suchen und zu buchen. Sie sehen sämtliche Flugoptionen einer Strecke im Überblick und können Flugdaten an Ihre E-Mail-Adresse senden oder als Favoriten speichern. Besser geht es kaum.

Schneller an Bord: Flüge und Züge

Skyscanner funktioniert über einen Webbrowser genauso wie über Apps für iOS oder Android. Der Dienst greift auf eine internationale Flugdatenbank zu – mehr Informationen haben Mitarbeiter in Reisebüros oft auch nicht. Als Nutzer bekommen Sie sämtliche Fluggesellschaften angezeigt, die eine Route bedienen, und müssen nicht unbedingt die billigste nehmen, wenn Sie Wert auf Qualität legen. Sie können Umsteigeverbindungen ausschließen und bekommen dann nur noch Direktflüge angezeigt. Diese Option nutze ich regelmäßig. Skyscanner wird übrigens von der Stiftung Warentest empfohlen (Heft 02/2010). Haben Sie den passenden Flug gefunden, können Sie spätestens beim Check-in Ihren Sitzplatz wählen. Air Berlin ermöglicht gegen zehn Euro Aufpreis pro Strecke eine Sitzplatzreservierung bereits bei der Buchung.

TIPP:
Informationen zum Skyscanner für iPhone und iPad finden Sie unter 34.

Doch wo sitzen Sie am besten? Das verrät Ihnen Seatguru. Der Dienst ist über www.seatguru.com oder als App für iOS und Android verfügbar. Die Plätze aller Flugzeugtypen sämtlicher Airlines werden auf digitalen Sitzplänen nach einem Farbsystem bewertet. Ein Platz ist entweder Durchschnitt (weiß), besonders empfehlenswert (grün), mit Einschränkungen versehen (gelb) oder überhaupt nicht zu empfehlen (rot). Außerdem sind die Notausgänge der Maschinen markiert. Im Airbus A321 der Lufthansa zum Beispiel sitzen Sie auf den Plätzen 11A bis 11D richtig gut, da Sie dort vor den Notausgängen gigantische Beinfreiheit haben. Auf Platz 1A könnten Sie sich dagegen – trotz Business-Class – nur eingeschränkt wohlfühlen. Und Reihe 38 sollten Sie, laut Seatguru, strikt vermeiden.

TIPP:
In die USA tagsüber Economy hinfliegen und per Seatguru einen Platz mit viel Beinfreiheit am Notausgang buchen, um zu arbeiten. Und nur für den nächtlichen Rückflug die komfortable, aber teure Business-Class nehmen. Infos unter 35.

Reisen 3.0 mit Tripit

Tripit ist ein digitaler Dienst, der alle Ihre einzeln gebuchten Reisen verwaltet und als übersichtliche Reisepläne darstellt. Das Beste dabei: die Verknüpfung mit einem Kalender-Abo für Ihren digitalen Kalender (Outlook, iCal, Google Calendar usw.). Sie oder Ihre Assistenz leiten Bestätigungs-E-Mails von Fluggesellschaften, Bahnen oder Autovermietern einfach an www.plans@tripit.com weiter. Der Dienst fügt die Buchung in Ihren digitalen Reiseplan ein und erstellt automatisch einen Kalendereintrag mit den Reisedaten. In Outlook können Sie dann Eingangsregeln definieren, die E-Mails von Bahn, Lufthansa, Sixt, Air Berlin usw. automatisch an Tripit weiterleitet. So steht jede Reise bereits Sekunden nach der Online-Buchung in Ihrem Kalender!

Entspannt reist es sich, wenn Sie die Smartphone-App der jeweiligen Fluggesellschaft besitzen. Darin können Sie Ihr Flugticket nach dem Check-in lokal speichern. Oder auf dem iPhone zu Passbook hinzufügen. Das erspart den Ausdruck unterwegs – vom nervigen Anstehen vor Schaltern oder Automaten am Flughafen ganz zu schweigen. Und über die App Flightboard können Sie jederzeit einen Blick auf die Anzeigetafeln der meisten Flughäfen werfen. So wissen Sie, ob eine Maschine verspätet startet oder landet. Verspätungen zeigt Ihnen auch die ausgezeichnete App DB Navigator der Deutschen Bahn an. Davon abgesehen steht

> **TIPP:**
> Anti-Rutsch-Pads von mumbi oder Mape kosten unter 5 Euro und „kleben" aufgrund der speziellen Nano-Beschaffenheit des Materials Ihr Smartphone aufs Armaturenbrett des (Miet-)Wagens, sodass Sie das Gerät während der Fahrt bedienen können.

Ihnen unterwegs jederzeit die komplette Fahrplanauskunft samt Buchungsfunktion zur Verfügung. Der DB Navigator bezieht darüber hinaus den ÖPNV mit ein und kennt die Abfahrtszeiten sämtlicher U-Bahnen, Straßenbahnen und Busse. Mindestens genauso gut: Die Apps von SBB und ÖBB (SCOTTY mobil) in der Schweiz bzw. in Österreich.

Auf vier Rädern: Mietwagen, Car-Sharing und Taxi

Die Apps der großen Autovermietungen für Smartphones und Tablets bieten längst mehr als Stationssuche und ein bisschen Werbung. Besonders praktisch und zeitsparend ist die Möglichkeit, unterwegs für einen bereits reservierten Mietwagen per App „einzuchecken" und dann die Schlüssel aus einem Schlüsseltresor an der Station zu entnehmen. Das lästige Anstehen am Schalter gehört damit der Vergangenheit an. Bei der App von Sixt fürs iPhone können Sie dabei zwischen verschiedenen Fahrzeugen auswählen. Verfügbare Upgrades werden automatisch berücksichtigt. Autos bei Bedarf zu nutzen, statt sie zu besitzen, liegt generell im Trend, und die Autovermieter und Hersteller reagieren mit neuen Angeboten. So bietet Sixt mit Sixt Unlimited erstmals eine Art Flatrate fürs Automieten an. Und BMW offeriert in München BMW On Demand – das bedeutet, dass Sie stunden- oder tageweise genau Ihr Wunschauto fahren können. Wie wär's zum Beispiel mit einem M6 für die gepflegte Anreise zum Seminar am Tegernsee?

Welches Navigationssystem?

Über fest eingebaute Navigationsgeräte in Autos habe ich früher häufig den Kopf geschüttelt. Bei Navis in Mietwagen sind die Kartendaten selten aktuell. Und beim eigenen Fahrzeug kosten Software-Updates in der Werkstatt unverhältnismäßig viel Geld. Heute navigiere ich ausschließlich mit

Apps auf iPhone und iPad. Dank spezieller Halterungen lassen sich Smartphones und Tablets sowohl im eigenen Fahrzeug als auch im Mietwagen innerhalb von zwei Minuten anbringen bzw. abbauen. Die Navi-Apps laden ihr Kartenmaterial einmalig herunter und funktionieren dann offline. Das heißt, sie verwenden nur das GPS-Signal. Es ist also keine ständige Mobilfunkverbindung nötig – anders als bei Google Maps oder der Navigationsfunktion bei Apple iOS!

Gute Erfahrungen habe ich mit der Navigon-App für iPhone und iPad gemacht. Die Karten werden regelmäßig kostenlos aktualisiert. Meistens entfällt die umständliche Adresseingabe, da die App Zugriff auf das Adressbuch hat und ich dort einfach einen Kontakt als Ziel auswähle. Navigon hat zudem viele komfortable Extras. So kann ich die Navigation auch als Fußgänger nutzen – und dabei mit „Urban Guidance" in den Metropolen sogar öffentliche Verkehrsmittel einbeziehen lassen! Im Auto kann ich mich zum Beispiel vor Überschreitungen der zulässigen Höchstgeschwindigkeit und – auf eigene Verantwortung! – vor Blitzern warnen lassen.

Preisgünstiger als die Premium-Autovermietung von BMW ist Car-Sharing. Noch hat sich erst wenig herumgesprochen, dass Car-Sharing auch auf Geschäftsreisen eine reizvolle Alternative zu Mietwagen und Taxi darstellt. Der Zugang erfolgt jeweils selbstständig über eine Kundenkarte und ein Lesegerät an der Frontscheibe. So lassen sich zum Beispiel die Fahrzeuge der DB-Tochter Flinkster an allen größeren Bahnhöfen in Deutschland, weiteren Stationen in Innenstädten sowie an Bahnhöfen in der Schweiz und in Holland stunden-, tage- oder wochenweise ausleihen. Die Fahrzeugkategorien reichen vom Elektro-Smart über Golf und Passat bis hin zu Audi A8, BMW 7er und Mercedes S-Klasse.

Ausschließlich Smart bieten Daimler und Europcar mit Car2Go in Hamburg, Berlin, Düsseldorf, Köln, Stuttgart, Wien und weiteren Städten weltweit. Die Fahrzeuge können innerhalb eines Geschäftsge-

TIPP:
Taxi-Sharing heißt eine originelle Funktion in der App Miles and More Member Scout: Sie können an Flughäfen signalisieren, dass Sie mit anderen Mitgliedern des Bonusprogramms von Lufthansa gerne das Taxi in die Stadt teilen würden – und so „Taxi-Sharer" kennenlernen.

biets spontan gemietet und überall wieder abgestellt werden. Parkgebühren im öffentlichen Straßenland sind inklusive! Eine App fürs Smartphone weist den Weg zum nächsten freien Fahrzeug und ermöglicht die Reservierung für 15 Minuten. Weitere überregionale Anbieter sind DriveNow von BMW und Sixt sowie Hertz On Demand in Berlin, London und vielen US-Metropolen. Und wenn es doch das gute alte Taxi sein soll? Dann helfen Apps fürs Smartphone wie myTaxi oder fairTaxi, praktisch überall eines zu rufen und in vielen Fällen auch vorher den Fahrpreis zu ermitteln.

Fazit: Mit dem passenden mobilen Endgerät sowie intelligenter Software haben Sie unterwegs überall Zugriff auf Ihre Daten. Sie sind flexibel mobil, können Ihre Reise jederzeit umplanen und finden jederzeit den Weg zum Ziel.

Perfektes Zusammenspiel mit der Assistenz

9

Das Wichtigste im Überblick

→ Professionelle Assistenz erhöht die Produktivität von Managern.
→ Konzepte wie „Büro-Kaizen" machen die Assistenz effektiv.
→ Externe Dienstleister zahlen sich aus, sofern das Briefing präzise ist.
→ Die persönliche Assistenz übernimmt heute mehr Verantwortung.
→ Digitale Tools unterstützen die gemeinsame Produktivität.

„Rechte Hand, linke Hand, lebender Palm Pilot, die Frau für den Tag und manchmal die Nacht, Coach und Punchingball, Hausdame und Animateur, Therapeutin, Statussymbol, Burgfräulein und beinharte Wächterin in Personalunion" – so beschreibt die Autorin Petra Balzer (Pseudonym: Katharina Münk) in ihrem Bestseller „Und morgen bringe ich ihn um!" einen Beruf, den sie 25 Jahre lang ausübte: Chefsekretärin im Topmanagement. Heute ist Petra Balzer selbstständig und coacht sowohl Assistenten als auch Führungskräfte. Sie kümmert sich insbesondere um ein besseres Zusammenspiel. Schließlich lautete der Titel ihres zweiten Erfolgsbuchs: „Denn sie wissen nicht, was wir tun". Das war gleichzeitig die Diagnose der Autorin für das Verhältnis zwischen Chef und Assistenz.

Hätte Petra Balzer vor Jahren am liebsten noch ihn – den Chef – umgebracht, so drehen einige Unternehmen jetzt den Spieß um: Sie wollen ihre Assistenten loswerden. Und im Gegensatz zu der unterhaltsamen Autorin machen sie tatsächlich ernst: Die Sekretariate werden abgeschafft.

Führungskräfte sollen Terminplanung, Korrespondenz oder Raumorganisation künftig selbst übernehmen. Schließlich gibt es dafür digitale Helfer. Ich halte das für einen verhängnisvollen Irrweg. Nicht nur, weil Manager auf diese Weise noch seltener wirklich wertschöpfend tätig sind. Sondern auch, weil so der Gewinn an Effizienz und Effektivität durch digitale Technologien wieder aufgezehrt wird.

In diesem Kapitel möchte ich Sie zu einem neuen, intelligenten Zusammenspiel mit der Assistenz inspirieren. Denn eine professionelle Assistenz erhöht die Produktivität von Führungskräften deutlich.

Wie viel Assistenz ist heute noch nötig?

Der Vorstand einer mittelgroßen Genossenschaftsbank, den ich vor einiger Zeit kennengelernt habe, ist so ein typischer Fall: Die Bank hat seine Assistentin wegrationalisiert, um Personalkosten zu sparen. Jetzt bucht der Manager seine Reisen selbst, tippt seine eigenen Briefe in Microsoft Word und steht am Laserdrucker an, wenn ein Kollege bei 200 Seiten Reporting schneller auf „Drucken" geklickt hat. Was in der Bilanz auf den ersten Blick nach Kostenersparnis aussieht, macht den Vorstand in Wirklichkeit zur bestbezahlten Schreibkraft seiner Bank. Die Zeit, die er an der Tastatur vergeudet, fehlt ihm, um sich um Strategien oder Kontakte zu wichtigen Unternehmenskunden zu kümmern. Er ist jetzt vielleicht effizienter als früher, aber weniger effektiv.

Intelligente Zuteilung von Ressourcen

Als ich 1992 Vertriebsbeauftragter bei Mannesmann Datenverarbeitung war, konnte ich auf einen Pool von Schreibkräften zurückgreifen. Während der Kernarbeitszeit stand dieses Team sämtlichen Führungskräften – unabhängig von der Hierarchiestufe – zur Verfügung. Die Mitarbeiter waren eingespielt, die Zusammenarbeit mit uns klappte sehr gut. Im Ergebnis hatte ich viel mehr Zeit, mich um den Verkauf unserer Produkte zu kümmern, als ich ohne diesen internen Service gehabt hätte. Heute frage ich mich oft, warum solche smarten Lösungen wie der Assistenz-Pool eigentlich aus der Mode gekommen sind. Ich rate bereits mittelgroßen Unternehmen, über eine Renaissance von Assistenz-Pools nachzudenken.

Anders als früher ist es heute sogar möglich, externe Dienstleister nahtlos mit einzubinden. Nehmen wir einmal an, es gibt ein Team aus drei bis fünf Assistentinnen, die sämtliche Führungskräfte bei Bedarf unterstützen. Das Kernteam kann zu Spitzenzeiten auf Dienstleister wie eBuero, Strandschicht oder Brickwork zurückgreifen. (In Kapitel 6 habe ich Ihnen diese Anbieter vorgestellt.) Außerdem nutzt das Team digitale Helfer und Online-Dienste. Visitenkarten werden mit bitCard erfasst, Reisen mithilfe von Tripit geplant und so weiter. Ein solches Team würde die Produktivität von Führungskräften im Unternehmen enorm steigern, da die Manager nicht wertschöpfende Tätigkeiten jederzeit delegieren könnten.

Vorteile einer effektiven Assistenz

Wie Sie bereits im Kapitel 6 über Aufgaben gelesen haben, sollten Führungskräfte sich jederzeit Fragen wie die folgenden stellen:

- Schafft meine augenblickliche Tätigkeit tatsächlich Wert für das Unternehmen?
- Oder könnte ich in derselben Zeit etwas tun, was das Unternehmen noch weiterbringt?
- Und falls ja, wer könnte dann meine gegenwärtige Aufgabe übernehmen?

Oft wird sich zeigen, dass das Unternehmen unter dem Strich wertschöpfender arbeiten würde, wenn mehr Aufgaben an eine Assistenz delegiert werden könnten. Das Problem: In den meisten Unternehmen schöpft weder die Assistenz ihr Effektivitätspotenzial voll aus, noch funktioniert das Zusammenspiel zwischen Führungskräften und Assistenz so, wie es machbar wäre.

Der Berater und Autor Jürgen Kurz hat deshalb seine Idee „Büro-Kaizen" entwickelt. Das Ziel: Endlich in der Verwaltung genauso effizient und effektiv werden, wie es in der Produktion – dank Konzepten wie Kaizen,

> **TIPP:**
> Infos zum „Büro-Kaizen"
> von Jürgen Kurz finden Sie
> unter 36.
>
>

KVP oder Six Sigma – längst Standard ist. Die Lösung heißt nicht weniger oder überhaupt keine Assistenz, sondern bessere Assistenz! Dabei fällt mir übrigens auf, dass viele sinnvolle Techniken in den letzten Jahren durch weniger produktive Lösungen ersetzt wurden. So wurden etwa die Diktiersysteme abgeschafft. Führungskräfte schreiben jetzt selbst – und langsamer. Auch wird das Stenografieren nicht mehr gelehrt. Der Markt verhilft eben nicht immer der besten Lösung zum Durchbruch. „Chefs wollen bunte Bilder", sagte einmal ein IT-Verantwortlicher einer Bank am Rande eines Seminars.

Fahren im zweiten Gang?

In manchen Unternehmen erinnert die Assistenz an einen Autofahrer, der von sechs zur Verfügung stehenden Gängen nur die ersten zwei benutzt. Da gibt es beispielsweise Microsoft Exchange – aber es werden keine freigegebenen Kalender genutzt. Auch werden Ressourcen, wie beispielsweise Räume, nicht über Exchange verwaltet. Tools wie Doodle sind oft sogar gänzlich unbekannt. Daher mein Rat: Nutzen Sie zunächst die vorhandenen Effizienzpotenziale, bevor Sie über Umstrukturierungen nachdenken oder gar Stellen streichen.

Ein letzter Vorteil zeitgemäßer Assistenz sei hier genannt: die Möglichkeit, junge Talente zu entwickeln und an das Unternehmen zu binden. Während meiner Studienzeit war „Vorstandsassistent bei Bertelsmann" der Traumjob junger Betriebswirte. Niemand hätte sich dort als Handlanger gefühlt, sondern alle sahen die Chance, hinter die Kulissen des Topmanagements zu blicken und zu lernen, was an keiner Uni gelehrt wird. Tatsächlich sind auf diese Weise Netzwerke fürs Leben entstanden. Viele ehemalige Vorstandsassistenten sind heute selbst Vorstände. Auch im Mittelstand gilt: „Assistenz auf Zeit" für junge Talente ist eine große Chance für beide Seiten.

Der Unternehmer und Autor Jörg Knoblauch fördert bei der tempus GmbH seit Jahren junge Menschen, indem er ihnen nicht nur die üblichen Assistenzaufgaben überträgt, sondern sie auch an Besprechungen und Reisen teilnehmen lässt, die ihnen umfassend Einblick gewähren. Es geht ihm nicht um billige Arbeitskräfte, sondern um echte Nachwuchsförderung. So mancher High Potential und ehemalige Assistent der Geschäftsleitung überlegt sich nach seinem MBA dann vielleicht doch, ob es als Arbeitgeber unbedingt ein Konzern sein muss oder ob auch der Mittelstand für ihn attraktiv sein könnte.

Unterstützung durch Tools und externe Dienstleister

Eine Anekdote aus dem Buch „Und morgen bringe ich ihn um!" geht so: Der Chef war fasziniert vom Palm Pilot – neuestes Gadget ab Mitte der 1990er-Jahre – und erkor den Organizer zu seinem Lieblingsspielzeug. Stolz zeigte er das kleine digitale Gerät überall herum. Nur leider war er mit der Technik völlig überfordert. Er verstand den Palm Pilot eigentlich überhaupt nicht. Seine Assistentin – die Buchautorin – nahm deshalb in seiner Abwesenheit „heimlich" alle Einstellungen vor, pflegte die Daten und dachte auch daran, den Akku regelmäßig aufzuladen. Diese Geschichte macht deutlich: Assistenten sind nicht dazu da, Führungskräften den Erwerb von Kompetenzen im Bereich der neuen Technologien zu ersparen.

TIPP:
Amüsante Lektüre, auch für Chefs: Katharina Münk: Und morgen bringe ich ihn um! Als Chefsekretärin im Top-Management.
Infos unter 37

Das Gegenteil ist richtig: Je besser Manager selbst mit Technik umgehen können, desto effektiver können sie sich unterstützen lassen. Das Gebot lautet hier: Die Assistenz erledigt jene Aufgaben, für die sie am besten qualifiziert ist und die sie am schnellsten erledigen kann. Das sind dann nicht unbedingt immer die lästigen Dinge. Erinnern Sie sich zum Beispiel an die Zwei-Minuten-Regel: Was Sie selbst im Handumdrehen erledigen können, lohnt sich einfach nicht zu delegieren und nachzuverfolgen. Schon gar nicht sollte die Assistenz in der heutigen

Zeit Aufgaben übernehmen, die lediglich darauf abzielen, den Chef ins rechte Licht zu rücken und seinen Status zu erhöhen. Allerdings: Aufgrund des Kostendrucks sind diese Zeiten in vielen Unternehmen ohnehin vorbei.

Was Sie besser selbst organisieren

Neue Technologien ermöglichen es Führungskräften, Aufgaben schnell selbst zu erledigen, die früher helfende Hände nötig machten. Da ist zum Beispiel die E-Mail. Natürlich kann der Vorstandsvorsitzende eines DAX-Konzerns nicht jede E-Mail persönlich beantworten. Doch wenn Geschäftsführer im Mittelstand jede E-Mail zunächst diktieren, dann tippen und sich zur Kontrolle nochmal „vorlegen" lassen, bevor die Assistentin dann den „Senden"-Knopf betätigt, ist das einfach nicht effizient. In Kapitel 1 haben Sie gelesen, wie sich mit einigen wenigen Prinzipien und Tools die E-Mail-Flut bewältigen lässt.

Immer besser wird die Software zur Spracherkennung. Das empfehlenswerte Programm Dragon Dictation zum Beispiel erfordert zwar einiges an Nachkorrektur, ist aber lernfähig und dürfte in den nächsten Jahren einen Reifegrad erreichen, der neue Einsatzmöglichkeiten eröffnet. Schon heute können Sie mit Dragon Dictation Ihr Diktat selbst in Text umwandeln. Die Assistenz kann anschließend die Bearbeitung übernehmen und den Text nötigenfalls korrigieren, formatieren und verschicken. Noch besser: Assistenten sind so qualifiziert, dass Stichworte oder ein Rohtext als Vorlage genügen. Dragon Dictation gibt es auch als App fürs iPhone. Diktate werden hier unmittelbar in der App in geschriebenen Text konvertiert. Dieser kann dann korrigiert und anschließend direkt in eine E-Mail oder SMS-Nachricht eingefügt werden.

Mit dem Smartphone halten Sie ohnehin einen ganzen Werkzeugkoffer in der Hand, der Ihnen

> **TIPP:**
> Infos zur kostenlosen iPhone-App Dragon Dictation finden Sie unter 38.
>
>
>
> Informationen zur Vollversion der Dragon Spracherkennung für Windows und Mac erhalten Sie unter 39.
>
>

hilft, besser organisiert zu sein. Statt die Assistenz Ihre Anrufe selektieren zu lassen, können Sie die sogenannte Blacklisting- und Whitelisting-Funktion nutzen. Das Prinzip: Sie legen temporär fest, welche Anrufe Sie erreichen dürfen und welche nicht. Ihre Assistenz erreicht Sie dann beispielsweise immer, Ihre Kunden tun es jedoch nicht. Eine andere smarte Funktion ist der ortsbasierte Reminder für Rückrufe. Wenn Sie Ihren aktuellen Aufenthaltsort verlassen haben – beispielsweise einen Konferenzraum beim Kunden –, erinnert Sie Ihr Smartphone daran, welche Anrufe während der Zeit eingegangen sind, in der Sie nicht gestört werden wollten. Das alles funktioniert sowohl mit dem iPhone als auch mit Android (über zusätzliche Apps) und Windows Phone.

Und wenn Sie wirklich ganz und gar ungestört sein wollen? Dann nehmen Sie doch einfach ein Zweithandy mit einer Prepaid-SIM-Karte und eigener Rufnummer mit. So können Sie jederzeit telefonieren – aber die Nummer kennt außer Ihnen (und gegebenenfalls Ihrer Familie) niemand.

Externe Dienstleister einbinden

Für Assistenzaufgaben ist heute eine Mischung aus internen Mitarbeitern und externen Dienstleistern besonders reizvoll. So wie bei internen Mitarbeitern gute Führung und nachhaltige Weiterbildung über die Effektivität entscheiden, so ist es bei Dienstleistern das Briefing. Wenn ich zum Beispiel von eher „gemischten" Erfahrungen mit virtuellen Sekretariaten wie eBuero höre, frage ich gerne nach, wie intensiv die Kommunikation mit dem Team von eBuero denn war und wie gut die Möglichkeiten des Briefings genutzt wurden. Grundsätzlich sind Sekretariatsdienste empfehlenswert, gerade auch als Ergänzung zur eigenen Assistenz. eBuero zum Beispiel ist auf Wunsch „24/7" erreichbar und führt Telefonate auch auf Englisch.

TIPP:
Ausführliche Infos zu eBuero, inklusive Gratis-Testangebot, finden Sie unter 40.

Als Kunde können Sie eBuero jederzeit informieren, wo Sie sich gerade befinden und was welchen Anrufern am Telefon gesagt werden soll. Mit der eBuero-App fürs iPhone und Android-Smartphones nehmen Sie mithilfe des „Bitte nicht stören"-Buttons standardisierte Meldungen in Sekundenschnelle vor. Eine „Whitelist" mit Anrufern, die unverzüglich durchgestellt werden, ist ohnehin selbstverständlich. Leider betätigen einige lediglich die Rufumleitung zu eBuero, wenn sie ungestört sein wollen. Diese dürfen sich dann nicht wundern, wenn Kunden sich beschweren, am Telefon nur stereotype Auskünfte nach dem Muster „Ist in einem Termin" zu erhalten. Woher sollen es die Mitarbeiter des Dienstleisters auch besser wissen, wenn sie nicht aktuell gebrieft werden? Bei gutem Briefing gibt eBuero allen Anrufern genau die richtige Auskunft.

Das Würth-Prinzip

Der Schraubenhersteller Würth verdankt einen Großteil seines Erfolgs einer cleveren Idee: Die Betriebe bekommen von Würth einen Schrank mit einem kompletten Schraubensortiment hingestellt. Die entnommenen Schrauben werden von Würth regelmäßig aufgefüllt und abgerechnet. Dasselbe Prinzip hat die tempus GmbH in Giengen mit einem örtlichen Büromittelgeschäft vereinbart. Der Fachhändler kontrolliert jede Woche die Schränke in den Büros und füllt sie mit dem verbrauchten Büromaterial auf. Zwar sind die einzelnen Artikel bei dem Fachhändler ein wenig teurer als bei Versendern wie office discount. Aber die eingesparte Arbeitszeit durch den kompletten Wegfall von Inventuren und Bestellvorgängen wiegt das mehr als auf. Eine Idee, die zum Nachmachen einlädt!

Gut gebrieft habe ich beispielsweise auch das auf Geschäftsreisen spezialisierte Orchideen Reisebüro in Hamburg, das ich seit 1992 zu jeder beruflichen Station „mitgenommen" habe. Als ich bei Vitality als Geschäftsführer anfing, war es sogar eine meiner ersten Aktionen, meine Mitarbeiter zu bitten, mit dem Reisebüro Kontakt aufzunehmen. Sicher, im vorherigen Kapitel haben Sie gelesen, wie einfach sich online und mit Apps auf dem Smartphone Reisen buchen und umbuchen lassen. Ein beliebiges Reisebüro aus der Fußgängerzone werde ich Ihnen auch keinesfalls als Alternative empfehlen. Dennoch ist das gute alte Reisebüro keinesfalls tot. Bei komplexen Reisen, zum Beispiel nach Asien mit mehreren Stationen in verschiedenen Ländern, sind Reisebüros, die Sie und Ihre Bedürfnisse genau kennen, ein echter Gewinn an Effizienz. Beim Orchideen Reisebüro (Infos unter www.orchideen-reisebuero.de) sage ich einfach, wo es wann hingehen soll, und die Sache läuft.

Effektiv mit persönlicher Assistenz im eigenen Haus

Auf fest angestellte Assistenten im eigenen Haus würde ich bei mittleren und größeren Unternehmen niemals verzichten. Das Berufsbild des Office Managers wandelt sich. Die Anforderungen steigen, Kenntnisse betriebswirtschaftlicher Zusammenhänge sind heute in größerem Maße Pflicht als noch zu der Zeit, über die die Autorin mit dem Pseudonym Katharina Münk schreibt. Für Manager bedeutet das: Die anspruchsvollen Aufgaben sollten an die persönliche Assistenz delegiert werden, während Routinen auch von externen Diensten übernommen werden können. Anspruchsvoll sind zum Beispiel Tätigkeiten mit höherem kreativem Anteil. Eigenständig Kundenkorrespondenz zu formulieren oder Geschäftszahlen für eine Präsentation aufzubereiten, werden Sie eher selten an Strandschicht oder Brickwork übertragen können. Nicht zuletzt ist die Assistenz eine Kommunikationszentrale, die mit Erfahrung und Social Skills wesentlich zur Unternehmenskultur beiträgt. Gerade im direkten Kundenkontakt ist das ein kaum zu unterschätzendes Plus.

Daten und Dokumente

Ist die eigene Assistenz qualifiziert und wird sie kontinuierlich weiterentwickelt, dann ist sie auch eine verlässliche Partnerin beim Erstellen von geschäftlichen Dokumenten. Die besten Office Manager benötigen heute keine Diktate mehr, sondern erstellen auf der Basis von Stichpunkten oder kurzen Telefonbriefings auch umfassende Dokumente eigenständig. Es lohnt sich, an dieser Stelle in Weiterbildung und Training zu investieren. Das wird sich längerfristig auszahlen. Wer in seinem Unternehmen einen Assistenz-Pool bildet, hat zudem die Möglichkeit, Schwerpunkte zu setzen.

Ein oder zwei Mitarbeiter qualifizieren sich dann zum Beispiel besonders in visueller Gestaltung und können schließlich PowerPoint-Präsentationen abliefern, die auch Grafiker kaum besser hinbekommen. Übrigens: Mindmaps eigenen sich hervorragend, um Mitarbeitern inhaltliche Stichpunkte für Präsentationen oder Texte zu liefern. Auch unterwegs können Sie in Mindjet oder Freemind Ihre Ideen skizzieren und die Datei dann beispielsweise in der Dropbox für die Assistenz ablegen.

Es muss auch nicht immer die übliche „PowerPoint-Schlacht" sein. Im Team mit der Assistenz lassen sich originelle Alternativen finden und umsetzen. Ich kann mich an die Präsentation eines Geschäftsführers mit witzigen handgemalten Charts erinnern, die beim Publikum sehr gut ankam. Das war wirklich einmal etwas anderes. Wer ein „Zeichentalent" in der Firma hat, kann ihm so beispielsweise Raum zur Entfaltung geben. Tools wie Adobe Ideas in Kombination mit einem digitalen Whiteboard (siehe Kapitel 2) machen viele kreative Ideen umsetzbar. Es kann für Manager spannend sein, sich hier gerade mit jüngeren Office Managern zusammenzusetzen und Ideen zu entwickeln.

Bei der gemeinsamen Arbeit an Dokumenten machen sich die neuen digitalen Technologien schnell bezahlt. Statt Dateien per E-Mail hin und her zu schicken, nutzen Sie gemeinsam mit Ihrer Assistenz SharePoint, iCloud, Dropbox oder CloudOn. Noch mal erinnert sei an den Tipp, Cloud-Dienste bei vertraulichen Dateien nur für kurze Zeit zu nutzen.

> **TIPP:**
> Ausführliche Infos über die Zusammen-arbeit mit SharePoint erhalten Sie im Web unter 41.
>
>

Ihre Assistenz legt dann beispielsweise, während Sie auf Reisen sind, den Entwurf einer Präsentation in der Dropbox ab und benachrichtigt Sie per SMS. Sie bearbeiten die Datei beziehungsweise versehen sie mit Kommentaren. Sobald sie fertig sind, signalisieren Sie das der Assistenz wiederum per SMS. Dann holt sie die Datei wieder aus der Dropbox heraus.

Termine, Kontakte und Diktate unterwegs

Die „Kalenderhoheit" sowie die Verantwortung für die Adresspflege liegen am besten bei der persönlichen Assistenz. So sorgen Sie für Einheitlichkeit und vermeiden jedes Chaos im Ansatz. Voraussetzung dafür sind sinnvolle Absprachen. Legen Sie gemeinsam einen Standard fest, wie Adressdateien auszusehen haben (vgl. Kapitel 7). Und besprechen Sie, wie mit Terminen umgegangen wird. Für die Assistenz ist es insbesondere wichtig, auch Ihre privaten Termine zu kennen – zumindest als belegte Zeiten – und zu wissen, wie Ihre private Terminplanung funktioniert. Zu den Vorteilen einer persönlichen Assistenz inhouse zählt, dass Sie einander vertrauen und sich gegenseitig vollen Zugriff auf die Exchange-Kalender gewähren können.

Bitte keinen Daueralarm!

Eine alte Erfahrung lautet: Die Zusammenarbeit zwischen Chef und Assistenz klappt gut, sobald zwischen beiden nur eine Tür ist. Wenn der Chef unterwegs ist, wird es schwierig. Je besser Sie Ihre Assistenz entwickeln und je mehr Verantwortung diese gewohnt ist zu übernehmen, desto besser wird es auch klappen, wenn Sie auf Reisen sind. Die wichtigsten Probleme sollte die Assistenz selbst lösen können. Wenn Sie unterwegs ständig „Hilferufe" aus dem Büro erhalten, ist das ein schlechtes Zeichen. Kommunizieren Sie unterwegs am besten digital und schriftlich mit Ihrer Assistenz. SMS oder „Morse-E-Mails", die nur aus der Betreffzeile bestehen, genügen meistens.

Auf Ihrem Smartphone oder Tablet richten Sie idealerweise ein eigenes Postfach nur für die E-Mails der Assistenz ein. Dann können Sie unterwegs mehrmals täglich nach Mitteilungen Ihres Büros schauen, ohne durch E-Mails von anderen Absendern abgelenkt zu werden.

Unterwegs ist für mich Pocket Dictate ein unverzichtbarer Begleiter geworden. Die schlichte App fürs iPhone wird keinen Designpreis gewinnen, bietet aber neben einer einfachen Bedienung noch ein paar Extras gegenüber der Standard-App Sprachmemos von iOS. So erhalte ich ein akustisches Signal, wenn ich den richtigen Knopf getroffen habe – das ist gerade im Auto sehr praktisch. Und ich kann mit diesem iPhone-Diktiergerät bestehende Diktate teilweise übersprechen oder Teile neu einsetzen.

TIPP:
Infos zu Pocket Dictate für das iPhone finden Sie unter 42.

Sowohl mit Pocket Dictate als auch mit der Standard-App in iOS können Sie fertige Diktate direkt per Mail an die Assistenz schicken. Pocket Dictate ermöglicht Ihnen dabei noch das besonders komfortable Einfügen einer Betreffzeile. Der diktierte Text kommt als WAV-Datei beim Empfänger an. Der Anfang der 1990er-Jahre von Microsoft und IBM entwickelte Standard WAV(E) kann von jedem Rechner mit Windows, Mac OS oder Linux verarbeitet werden.

Fazit: Statt Sekretariate abzuschaffen, sollte die Assistenz weiterentwickelt werden, um ein optimales Zusammenspiel mit Führungskräften zu gewährleisten. Auch viele anspruchsvolle Aufgaben erledigt eine moderne Assistenz selbstständig. Externe Dienstleister und digitale Tools können bei vielen Aufgaben unterstützen.

Medien intelligent nutzen

10

Das Wichtigste im Überblick

→ Die Informationsflut erfordert es, Medien konsequent zu selektieren.
→ Buch, Zeitung und Zeitschrift ergänzen sich gedruckt und digital.
→ Fernsehen ist zukünftig orts- und zeitunabhängig sowie personalisiert.
→ Blogs, Podcasts und Videoclips sind echte Medien-Alternativen.
→ Smarte Tools erlauben es, Inhalte zu speichern und zu archivieren.

Für die deutschen Fernsehsender ARD und ZDF bedeuteten die Olympischen Sommerspiele 2012 in London eine kleine Revolution – erstmals bei einer Olympiade berichteten die öffentlich-rechtlichen Anstalten umfangreicher online als im Fernsehen. Während die klassische TV-Berichterstattung zwischen dem 27. Juli und dem 12. August insgesamt rund 260 Stunden umfasste, kamen mit sechs parallelen Livestreams täglich bis zu 60 Stunden bewegte Bilder auf digitale Endgeräte. Nie zuvor konnten Zuschauer ihre Lieblingssportarten ausführlicher live verfolgen als bei Olympia 2012. Der eine oder andere Zuschauer dürfte sich jedoch gefragt haben: Wer soll das alles sehen?

In der Wirtschafts- und Finanzberichterstattung, wie generell auf dem Gebiet der Fachinformationen, ist der digitale Trend ähnlich beeindruckend. Er lässt sich bloß nicht an so spektakulären Einzelereignissen festmachen. Noch nie konnten Führungskräfte so viele Informationen über Unternehmen, Märkte und Produkte in Sekundenschnelle abrufen. Doch zwischen Theorie und Praxis klafft für viele eine schmerzhafte Lücke: Was ist „medialer Müll" und was lohnt sich wirklich zu lesen? Wie finde ich aktuelle, für meinen Job wirklich relevante Informationen? Wo gibt es so gute Angebote, dass es sich dort lohnt zu stöbern? Und wie kann ich interessante Beiträge unterwegs oder zeitversetzt nutzen? Schließlich scheinen die besten Inhalte – wie verhext – immer dann veröffentlicht zu werden, wenn dafür gerade keine Zeit ist ...

In diesem Kapitel gebe ich Ihnen einen Überblick, in welchen Medien Sie heute jobrelevante Informationen finden und wie Sie diese so nutzen können, dass möglichst wenig von Ihrer Arbeitszeit bei der Suche nach Inhalten verloren geht.

Bücher, Zeitungen, Zeitschriften – gedruckt und digital

Wenn Sie dieses Buch in gedruckter Form lesen, dann sind Sie nicht etwa von gestern, sondern machen alles richtig. Gedruckte Bücher sind heute das Medium für hochwertige Inhalte, die aus der Informationsflut herausragen und nicht so schnell veralten. Wer bei einem Thema in die Tiefe gehen will und die Muße hat, sich lange am Stück darauf einzulassen, greift immer noch am besten zum gedruckten Buch. Gedruckte Texte zu lesen ist wissenschaftlichen Untersuchungen zufolge am wenigsten ermüdend und sie sind am leichtesten erinnerbar. Außerdem können Sie in keinem elektronischen Reader so schnell Textstellen hervorheben und Anmerkungen mit Bleistift machen wie in einem gedruckten Buch. Das Buch wird uns auch deshalb noch länger erhalten bleiben, weil es bisher kein digitales Format gibt, das sich in Bibliotheken jahrzehnte- oder gar jahrhundertelang aufbewahren ließe.

> **TIPP:**
> Hörbücher ermöglichen es, auch beim Autofahren oder beim Sport zu „lesen". Hörbuch-CDs können Sie in iTunes importieren und dann auf dem iPhone oder iPod hören – oder diese Geräte im Auto anschließen.

Je schneller die jeweiligen Inhalte veralten und je weniger Lesezeit sich zu investieren lohnt, desto mehr Vorteile haben digitale Textmedien. Nicht von ungefähr sind die Tageszeitungen durch die digitale Revolution besonders unter Druck geraten. Mit der *Frankfurter Rundschau* und der *Financial Times Deutschland* wurden Ende 2012 gleich zwei überregionale Blätter eingestellt. Zwar waren die Gründe für das jeweilige Aus vielfältig, doch fehlte in beiden Fällen ein tragfähiges digitales Geschäftsmodell. Gedruckte Bücher, Zeitungen und Zeitschriften sind so zunehmend die Medien für den „zweiten Blick". Die Leser haben sich digital bereits einen Überblick verschafft und suchen anschließend in Print-Medien ausführliche Analysen und Hintergrundberichte. Digitale Medien sind aber nicht nur schnell und aktuell, sondern verknüpfen Text, Bild, Audio und Video auch immer intelligenter.

E-Books: Kindle oder iPad?

Ich erinnere mich noch gut an die Zeiten, als ich fast jeden Urlaubsflug mit Übergepäck angetreten bin. Der Grund: Ein kompletter Koffer war mit Büchern gefüllt – und Bücher sind schwer. Heute nehme ich immer mehr E-Books mit in den Urlaub. Nicht einmal das iPad oder der Kindle, das Lesegerät von Amazon, bringen nennenswertes Gewicht auf die Waage. Für alle, die auf Reisen Bücher lesen wollen, sind E-Books unschlagbar praktisch. Viele aktuelle Wirtschaftstitel gibt es heute auch als E-Book. Sämtliche Bestseller der Unterhaltungsliteratur sind ohnehin digital verfügbar. Das Angebot wird von Jahr zu Jahr größer. E-Books haben nicht nur im Urlaub Vorteile, sondern sind generell etwas für Vielleser. Sie können Dutzende Bücher auf dem Lesegerät speichern und zum Beispiel unterwegs während Wartezeiten lesen. Digitale Lesezeichen sowie Suchfunktionen erleichtern Ihnen das Schnelllesen ebenso wie die selektive Lektüre der für Sie relevanten Kapitel.

Bleibt die Frage nach dem passenden Format und dem besten Lesegerät für E-Books. Als PDF-Datei können Sie digitale Bücher schon seit Jahren auf praktisch jedem digitalen Endgerät lesen. Doch diese Variante ist wenig nutzerfreundlich und keine echte Alternative zum gedruckten Buch. Wer ein adäquates Leseerlebnis sucht, sollte zum iPad oder zum Kindle greifen. Die Inhalte sind eigens auf diese Endgeräte abgestimmt. Apple

> **TIPP:**
> Amazon bietet für seine E-Books im Kindle-Format verschiedene Reader, mit denen diese auch im Webbrowser oder auf dem iPad gelesen werden können. Infos unter 43
>
>

bietet E-Books über seinen iTunes-Store an. Bei Amazon besuchen Sie die Website oder suchen direkt auf dem Kindle oder in den Kindle-Apps. Sie finden E-Books auf Amazon.de als sogenannte „Kindle-Edition" bei den Suchtreffern jeweils unterhalb der gedruckten Ausgabe eines Buchs.

Ob Sie ein E-Book angenehmer auf dem iPad oder dem Kindle lesen, ist nicht allein Geschmackssache, sondern auch eine Frage Ihres Aufenthaltsorts: Das iPad ist optimiert für die Nutzung in geschlossenen Räumen. Seit der dritten Generation sorgt das sogenannte Retina Display für eine konkurrenzlos brillante Darstellung von Inhalten – die Pixel sind für das Auge nicht erkennbar. Der Kindle spielt seine Vorteile im Freien aus, insbesondere bei Sonneneinstrahlung. Die monochromen Versionen Kindle und Kindle Paperwhite sind reine E-Book-Reader, während der Kindle Fire mit seinem farbigen Display praktisch ein Tablet-Computer ist, mit dem Sie auch im Internet surfen können. Der Vorteil der Basisversionen ist die spezielle Technik mit „elektronischer Tinte", die ein ermüdungsarmes Leseerlebnis schafft. Weiterer Vorteil aller Kindle: Die Geräte sind relativ preiswert – und bei Langfingern nicht so begehrt wie ein iPad. So kann man sie auch mal mit an den Strand nehmen.

Zeitungen und Zeitschriften

Gedruckte Tageszeitungen, Fachzeitschriften und Magazine haben immer noch Vorteile. Lange war das Hauptargument die Vollständigkeit, da nicht sämtliche Inhalte digital verfügbar waren. Immer mehr Zeitungen und Zeitschriften bieten jetzt den vollständigen Inhalt auch als E-Paper oder in Form einer App für Tablets und Smartphones an. Dazu gleich mehr. Als Vorzüge der Print-Medien bleiben die Übersichtlichkeit – in keiner App blättern Sie so zügig und erfassen Sie Überschriften so schnell wie auf Papier – und die angenehmere, weit weniger ermüdende Leseerfahrung. Vor allem, wenn Sie gerne längere Texte lesen – wie etwa die Artikel der Wochenzeitung *Die Zeit* –, schont Papier Ihre Augen und

Ihre Konzentration. Auch sind längst nicht alle digitalen Angebote der Zeitungen und Zeitschriften gut umgesetzt. Da gibt es große Qualitätsunterschiede.

Der Hauptnachteil von Print-Medien: Wenn Sie viel unterwegs sind, ist die Zeitung oder Zeitschrift selten dort, wo Sie gerade sind. Für die Print-Abonnenten landet das Papier stets zu Hause oder im Büro im Briefkasten – auch wenn sie unterwegs sind. Alternativ müssen sie unterwegs einen Kiosk finden, der ihre Zeitung oder Zeitschrift führt. Da kann abends nach dem Meeting das Leib-und-Magen-Blatt schon mal ausverkauft sein. Ganz zu schweigen von dem Problem, im Ausland an die gewünschte Lektüre zu kommen. Spätestens hier spielen die digitalen Ausgaben ihre Vorteile aus.

> **TIPP:**
> Die Börsen-Zeitung ist eine gedruckte Tageszeitung, mit deren Qualität bisher kaum ein digitales Medium mithalten kann. Sie ist erste Wahl für alle, die sich täglich für Wirtschaft mit dem Schwerpunkt Finanzmärkte interessieren.
> Infos unter 44
>

Wenn Sie jetzt noch einen Tablet-Computer besitzen, werden Sie in vielen Fällen die Printausgabe nicht mehr vermissen. Vor allem das iPad mit seinem hoch auflösenden Retina Display ist das ideale Endgerät, um digitale Zeitungen und Zeitschriften zu lesen.

Digitale Formate: Bunte Vielfalt

Zeitungen und Zeitschriften können Sie auf digitalen Endgeräten in unterschiedlicher Form lesen. Hier sind die wichtigsten Formate:

- **HTML-Seite:** Die gute alte „Homepage" ist nach wie vor eine Hauptanlaufstelle für Inhalte. Seiten wie www.faz.net, www.nzz.ch oder www.sueddeutsche.de wirken im Browser auf dem iPad besonders übersichtlich und elegant. Anders als bei den entsprechenden Apps finden sich hier noch überwiegend kostenlose Artikel. Dafür flimmert viel Werbung auf dem Bildschirm.
- **Mobile Seite:** Oft werden HTML-Seiten alternativ in einer mobilen Version für Smartphones angeboten, zum Beispiel m.faz.net. Die mobilen

Seiten sind „schlanker", laden auch über Mobilfunk zügig und sind für die Lektüre auf kleinen Displays optimiert.

- **E-Paper:** Viele Verlage bieten ihre Zeitungen und Zeitschriften digital im Original-Layout (und leider oft auch zum Originalpreis) als E-Paper an. Die Ausgaben können auf PCs und Tablets gelesen, durchsucht und archiviert werden. Letzteres auch in Form einzelner Artikel. E-Paper bieten zum Beispiel *FAZ, Handelsblatt, Spiegel, Stern, Capital, Wirtschaftswoche* oder *The Economist*.
- **Tablet-Edition:** Die immer öfter gewählte Alternative zum E-Paper ist die in Layout und Funktionalität eigens auf ein digitales Endgerät abgestimmte Ausgabe. Auch hier ist der Inhalt in der Regel kostenpflichtig. Die besten digitalen Editionen gibt es für das iPad, zum Beispiel von *Handelsblatt, Süddeutscher Zeitung, Frankfurter Allgemeine Sonntagszeitung* (FAS) oder *View* (Ableger des Stern).
- Bei manchen Zeitungen bekommen Sie alles zu Auswahl: HTML-Seite, mobile Seite, E-Paper und Tablet-Edition.

Die Medienhäuser bieten ihre Inhalte in unterschiedlichen Formaten an – von der einfachen HTML-Seite bis hin zur iPad-Edition. Jeder Verlag verfolgt hier seine eigene Strategie. Das zur Holtzbrinck-Gruppe gehörige *Handelsblatt* bot 2012 zum Beispiel ganze vier Apps fürs iPad an: „Handelsblatt first" als rein werbefinanzierte, ständig aktualisierte App für die schnelle Info. Dann die iPad-Version des Newsletters „Morning Briefing". Drittens die „Insider App" mit den Fokus auf Aktienkurse und Börsengeschehen. Und schließlich ein komplettes E-Paper mit sämtlichen Inhalten und im selben Layout der gedruckten Ausgabe.

Auch der FAZ-Verlag bietet die *Frankfurter Allgemeine* in der iPad-App als E-Paper im Original-Layout an – jedoch ergänzt um smarte Navigations- und Speicherfunktionen. Die einzelnen Artikel werden in einem speziellen Reader angezeigt. Der Preis für Einzelausgaben und Abos ist vergleichbar mit den Preisen für die Printausgabe. Die *Frankfurter Allgemeine Sonntagszeitung* erscheint abweichend in einem eigenen, für das iPad optimierten Layout. Das gilt auch für die App der SZ. Vorteil bei der *Süddeutschen*: Das beliebte SZ-Magazin kann in digitaler Form separat gekauft werden.

Gegen die Unübersichtlichkeit gibt es intelligente Tools, die Inhalte automatisch ordnen und personalisiert zusammenstellen. Nach wenigen Jahren schon fast ein „Klassiker" ist Google News: Der auf sämtlichen internetfähigen Geräten verfügbare Dienst nutzt in der deutschen Version mehr als 700 Online-Nachrichtenquellen und stellt diese zu einer ständig aktualisierten Nachrichtenseite zusammen. Die Anmeldung über das Google-Benutzerkonto erlaubt zahlreiche Personalisierungen und Filter. Noch intelligenter sind Apps wie Flipboard und Zite (englischsprachig) für das iPad und andere Tablets. Aus digital verfügbaren Inhalten (bei Flipboard schwerpunktmäßig Postings in Social Media) wird nach den thematischen Vorgaben der Nutzer ein personalisiertes Magazin zusammengestellt – mit einem ansprechenden Layout und vielen praktischen Funktionen.

> **TIPP:**
> Die App Flipboard sammelt Inhalte aus Social Media und anderen digitalen Quellen, die eine Partnerschaft mit Flipboard eingegangen sind, und präsentiert diese in einem personalisierten Magazin. Darin können Sie durch die Seiten blättern (engl. „to flip"). Infos unter 45
>
>

Fernsehen und Video 3.0

Noch vor 30 Jahren schauten auch Manager abends die „Tagesschau" und hin und wieder Fernsehmagazine wie „Plusminus" oder „Report". Die Arbeitszeit war weniger flexibel und das Angebot an Fernsehsendungen begrenzt. In den letzten drei Jahrzehnten ist das Fernsehangebot explodiert – und gleichzeitig hat das Image des Fernsehens gelitten. In Blogs kursiert bereits das böse Wort „Unterschichtmedium". Trotz Nachmittags-Talks und Doku-Soaps bietet das Fernsehen nach wie vor qualitativ hochwertige Inhalte. Mehr noch: Das Fernsehen steht vor seiner Renaissance. Der geniale Steve Jobs wusste das schon lange: Mit Apple den Fernsehmarkt ebenso zu revolutionieren wie einst den Musikmarkt mit iPod und iTunes war seine letzte große, nicht mehr vollendete Idee.

Das Fernsehen der Zukunft gibt es bereits

Nicht das Fernsehen ist von gestern, sondern die Bindung an feste Zeiten, Programme und stationäre Empfangsgeräte. Das Fernsehen der Zukunft ist überall verfügbar, zeitversetzt abrufbar und personalisiert. Und diese Zukunft ist jetzt schon in größerem Maß Realität, als viele glauben. Den Anfang machten die Mediatheken der großen Sender. Die Inhalte von ARD, ZDF, Arte, 3Sat, RTL und so weiter lassen sich immer mehr online abrufen. Das Angebot ist teils kostenlos und teils kostenpflichtig. Die Bezahlinhalte wiederum gibt es sowohl im Einzelabruf als auch über Abos. Der nächste Schritt ist die Mediathek auf dem mobilen Endgerät. Die ZDF-Mediathek oder die Tagesschau-App für iPad und iPhone zum Beispiel sind attraktiv gestaltet und bieten eine Fülle von Inhalten.

> **TIPP:**
> Aus Rechtsgründen sind amerikanische Fernsehportale wie Hulu oder Netflix für europäische Nutzer gesperrt. Mit einfachen Tricks lassen sich diese Sperren umgehen. Anleitungen gibt es im Netz.

Mit dem superschnellen Mobilfunk der vierten Generation (LTE) lassen sich die Mediatheken nicht nur im WLAN, sondern (fast) überall nutzen. Das gilt selbstverständlich auch für die Livestreams, den nächsten Baustein für das Fernsehen der Zukunft. Die Übertragung des aktuellen Programms lässt sich im Browser auf den Websites vieler Sender ebenso starten wie in den Apps für Tablets und Smartphones. Wer sämtliche öffentlich-rechtlichen Sender plus verschiedene Spartenkanäle in einem einzigen Portal gebündelt haben möchte, der nutzt Zattoo. Dieses „Freemium"-Angebot ist in der Basisversion kostenlos und funktioniert sowohl im Webbrowser auf PC und Mac als auch über Apps auf dem iPad, dem iPhone und weiteren Tablets und Smartphones. Die Bezahlversion im Abo ist werbefrei – in der Kostenlosversion erscheint Werbung bei jedem Umschalten zwischen Kanälen – und bietet Bildqualität in High-Definition (HD).

Die nächste Welle: Radio 2.0

Radiohören ist heute vor allem im Auto beliebt. In Deutschland gibt es ausgezeichnete informationsorientierte Programme wie Deutschlandfunk und Deutschlandradio, NDR Info, Inforadio vom RBB oder B5 aktuell. Der neue digitale Sendestandard DAB+ sorgt sowohl für mehr Auswahl als auch bessere Qualität. Auch außerhalb des Autos gibt es Neues beim Radio: Als Internetradio sind heute Sender aus der ganzen Welt zu empfangen. Besonders interessant ist Internetradio über eine Smartphone-App wie Radio.de für das iPhone. Hier können Sie weltweit Sender nach Kriterien wie Thema, Land, Stadt oder Sprache suchen und als Favoriten speichern. Übrigens: Ich habe zu Hause meinen iPod touch der ersten Genration mit der Stereoanlage verbunden und höre so über die App von Radio.de Internetradio in bester Klangqualität.

Nun fehlt nur noch ein letzter Baustein für das Fernsehen der Zukunft – die Unabhängigkeit von Sendezeiten und Programmschemata. Auch dieses personalisierte Fernsehen ist bereits Realität. Da gibt es zum einen immer mehr „On-Demand"-Angebote, bei denen Fernsehsendungen – oft zusätzlich zur Ausstrahlung – auf Abruf verfügbar sind. Neben den bereits erwähnten Mediatheken seien hier zum Beispiel Loewe Video Net (auch als App fürs iPad), Apple TV oder Telekom Entertain genannt. Mit Entertain lassen sich Inhalte auch aufzeichnen und zeitversetzt anschauen. Die Alternative zur Telekom heißt Save.TV. Dieser browserbasierte Dienst, der auch mit Apps auf den Tablets funktioniert, ist ein virtueller Videorekorder. Registrierte (und zahlende) Nutzer von Save.TV können online die Aufnahme beliebiger Sendungen veranlassen und diese später entweder auf ihre digitalen Endgeräte herunterladen oder als Stream empfangen. Besonders Highlight bei Save.TV: Werbung wird ausgeblendet. Mehrere Gerichtsurteile haben übrigens bestätigt, dass Save.TV völlig legal ist.

TIPP:
Ausführliche Infos zu dem Online-Videorekorder Save.TV finden Sie im Netz unter 46.

YouTube und mehr: Videoclips

> **TIPP:**
> Warum immer auf die USA schielen? Ein Projekt mit Kurzvideos deutschsprachiger Vortragsredner ist GEDANKENtanken, initiiert von dem Autor und Speaker Stefan Frädrich.
> Infos unter 47
>
>

Digitale Zeitungen und Zeitschriften werden immer „videolastiger" – schließlich lassen sich Videoclips online auf praktisch jeder Seite einbetten. Medienexperten prognostizieren, dass wir erst am Anfang einer Verschmelzung von Texten, Audio- und Videoclips zu neuartigen Formaten stehen. Bis es soweit ist, werden die meisten Videos auf spezialisierten Portalen angesehen. Leider findet sich gerade hier viel „medialer Müll". Das sollte den Blick von den qualitativ herausragenden Inhalten jedoch nicht ablenken. Wer nicht nur Information, sondern auch Inspiration fürs Business sucht, kann hier sogar begeisternde Entdeckungen machen.

Mit den Videos der Vorträge von TED unter www.ted.com holen Sie sich einige der spannendsten und kreativsten Speaker der Welt auf den Bildschirm. TED (Abkürzung für Technology, Entertainment, Design) war ursprünglich eine alljährliche Konferenz von Business-Vordenkern im kalifornischen Küstenort Monterey. Weltweit bekannt wurde TED dann durch die Internetseite mit maximal 18 Minuten langen Vorträgen, von denen sich viele mittlerweile sogar mit deutschen Untertiteln abrufen lassen. Das Motto der Vorträge lautet „Ideas worth spreading". Neben der Website gibt es eine sehr elegante TED-App für das iPad. Hier werden gleich auf der Startseite die neuesten Videos in Form von „Kacheln" präsentiert.

> **TIPP:**
> Mit der App Jasmine fürs iPad lassen sich YouTube-Videos besonders komfortabel abspielen und verwalten.
> Infos unter 48
>
>

Die „Killer-Applikation" für Videoclips ist ohne Frage YouTube. In dem zu Google Inc. gehörenden Portal werden jedes Vierteljahr so viele Stunden Videomaterial hochgeladen, wie die gesamte Filmindustrie seit mehr als 100 Jahren produziert hat. Wer in der Flut noch Qualität finden will, kann YouTube-„Kanäle" von Unternehmen, Medienanbietern oder Business-Vordenkern abonnieren. Aber auch die Suche nach Stichworten aus Ihrem Fachgebiet dürfte oft interessante Ergebnisse zutage fördern. Auf YouTube finden sich längst auch jede Menge Präsentationen und wissenschaftliche Vorträge. Eine Alternative und besonders gute Inspirationsquelle für „Kreative" ist der YouTube-Konkurrent Vimeo. Videos dürfen hier ausschließlich von ihren „Machern" hochgeladen werden.

Innovative Formate: Blog, Podcast, Twitter

Alle bisher beschriebenen Medien gab es bereits vor dem Siegeszug der Word Wide Web. Durch das Netz machen sie einen Transformationsprozess durch, der noch lange nicht abgeschlossen ist. Längst hat das Internet mit seinen vielfältigen Möglichkeiten jedoch auch eigene Medienformate hervorgebracht. Oft stelle ich fest, dass Führungskräfte diese erst wenig nutzen. Dabei zählen die besten Blogger, Podcaster und Twitterer längst zur globalen „Info-Elite". Ihre digitalen Beiträge müssen sich an Aktualität und Relevanz hinter keinem klassischen Medium verstecken. Gleichzeitig machen auch die etablierten Medienanbieter von den neuen Formaten Gebrauch.

„Der" Blog oder „das" Blog? „Blog" ist die Kurzform von „Web-Log" = „das Internet-Logbuch" oder „-Tagebuch". Deshalb hieß es ursprünglich „das" Blog. Heute sagen wohl die meisten „der" Blog. Die Duden-Redaktion sieht beide Varianten als korrekt an.

Unterwegs in der „Blogosphäre"

Wer das Allerneuste aus dem Silicon Valley wissen möchte, schlägt längst nicht mehr das Wall Street Journal auf, sondern geht auf Blogs wie „All Things Digital" oder „TechCrunch". Typisch für einen Blog sind kurze, aktuelle Textbeiträge, die ohne Redaktionsschluss fortlaufend „gepostet" werden.

Die auch als AllThingsD abgekürzte Online-Publikation unter www.allthingsd.com geht ebenso wie TED (siehe oben) auf eine Konferenz zurück. Die Gründer Kara Swisher und Walt Mossberg entschieden sich jedoch nicht für ein Videoportal, sondern für einen Blog, um ihr

> **TIPP:**
> Die amerikanische Onlinezeitung „The Huffington Post" bestand als erstes Medium ausschließlich aus (politischen) Blogs. Sie wurde von Arianna Huffington 2005 gegründet und 2011 für 315 Mio. US-Dollar an AOL verkauft. Die „HuffPost" lässt sich heute auch komfortabel über eine iPad-App lesen. Infos unter 49
>
>

Wissen zu verbreiten. AllThingsD wurde inzwischen von Dow Jones & Company gekauft und zählt zu den bestinformieren Quellen der IT- und Medienbranche. TechCrunch (www.techcrunch.com) hat fast fünf Millionen Leser und gehört heute zu AOL.

Im deutschsprachigen Raum hat sich der Blog „Die Karriere Bibel" von Jochen Mai (www.karrierebibel.de) zu einem der führenden Medien für Personal, Beruf und Karriere entwickelt. Der zugehörige YouTube-Kanal heißt „Karrierebibel.TV".

Blogs können Themen im Vergleich zu Zeitungen und Zeitschriften „spitzer" angehen, da sie anders als klassische Medien weder auf eine massenhafte Verbreitung noch auf astronomische Werbeeinnahmen angewiesen sind, um sich zu refinanzieren. Es finden sich heute für jedes Teilgebiet der Wirtschaft und generell jedes Fachgebiet ausgezeichnete Blogs. Ein besonderes Merkmal der meisten Blogs ist die Kommentarfunktion. Sie ermöglicht Feedback und Diskussionen der Leser untereinander. Über sogenannte RSS-Feeds lassen sich Blogs abonnieren. So kommt automatisch immer der neueste Beitrag auf PC, Tablet oder Smartphone. MobileRSS ist eine gute Reader-App für das iPad. Und wie findet man Blogs zu einem bestimmten Thema? Zum Beispiel über Google Blog Search (www.google.com/blogsearch).

Podcasts

Podcasts sind online abonnierbare Audio- oder Videodateien. Das Wort entstand als Zusammensetzung aus „iPod" und „Broadcast". Tatsächlich läutete Apple mit iPod und iTunes auch den Siegeszug des digitalen Medienabos ein. Fast von Beginn an konnte man im iTunes-Store neben Musik auch gesprochene Inhalte erwerben. Podcasts waren und sind auch bei Apple in der Regel kostenlos – und locken so zusätzliche Nutzer in den Online-Musikladen von Apple. Generell lassen sich Podcasts genau wie Blogs über den RSS-Feed plattformunabhängig abonnieren. Im Unterschied zu Radio und Fernsehen sind die Sendungen zum zeitversetzen Hören gedacht.

Aktuelle Folgen werden „gepostet" und können dann per Livestream angehört oder auf ein digitales Endgerät heruntergeladen und dauerhaft gespeichert werden. Auf iPhone, iPad und iPod von Apple haben Sie gleich mehrere Möglichkeiten, an Podcasts zu kommen: entweder über iTunes oder über Apples eigene App „Podcast". Dann gibt es noch Apps von unabhängigen Anbietern. Besser als Podcast gefällt mir Downcaster. Audio-Podcasts finde ich ideal fürs Joggen und für lange Autofahrten. Übrigens gibt es auch Inhalte klassischer Medien als Podcast. Ich höre zum Beispiel gerne zeitversetzt das „Echo der Tages" von NDR Info als Podcast. Per Video-Podcast schließlich informieren heute bereits viele Unternehmen ihre Kunden. So können Sie zum Beispiel „BMW TV" als Videocast für iPad oder iPhone abonnieren.

TIPP:
„iTunes U" von Apple (das „U" steht für „University") bringt ganze Uni-Vorlesungen und -Kurse auf iPhone, iPad und iPod touch. Die App sieht ähnlich aus wie der „Zeitungskiosk" und funktioniert auch vergleichbar. Infos unter 50

Twitter und Facebook

Der Nachrichtendienst Twitter ist heute oft aktueller und näher an einem Geschehen als die Nachrichtenagenturen. Abgeordnete „twittern" aus dem Deutschen Bundestag und CEOs des Silicon Valley informieren auf diesem Weg Investoren und Öffentlichkeit. Das Versenden von maximal 140 Zeichen langen Neuigkeiten auf Twitter wird auch als „Microblogging" bezeichnet – jede Nachricht ist ein winziger Blogbeitrag. Twitter ist keine Einbahnstraße, sondern bezieht seinen besonderen Reiz daraus, dass jeder Beitrag sofort von anderen Nutzern – per „Re-Tweet" – kommentiert und ergänzt werden kann. Je besser informiert die „Twitterer" sind, desto mehr lässt sich von ihnen über Unternehmen, Märkte oder politische Krisenherde herausfinden, wenn man ihren Meldungen „folgt".

Die sozialen Netze Twitter und Facebook eignen sich gut, um einen aktuellen Überblick über gerade veröffentlichte Medieninhalte zu bekommen. Fast alle Zeitungen, Zeitschriften, Fernsehsender, Blogs und so weiter weisen heute auf ihre aktuellsten und wichtigsten Beiträge per Twitter und Facebook hin. Wer ihnen „folgt" bzw. auf ihren Seiten „Gefällt mir" klickt, bekommt in seiner „Timeline" neben den Postings von Freunden auch immer die neuesten Artikel, Videos und Blogbeiträge präsentiert. Dieses Prinzip macht sich Flipboard (siehe oben) zunutze und stellt aus den von den Medienanbietern auf Twitter und Facebook geposteten Links (plus weiteren Quellen) automatisch ein aktuelles, personalisiertes Magazin zusammen. Der Wechsel zur Original-Website ist aus der App heraus jederzeit möglich.

Fazit: Jobrelevante Informationen für Manager finden sich heute in einer nie gekannten Fülle – allerdings liegen sie auch weiter verstreut denn je und werden oft von „medialem Müll" verdeckt. Doch wer intelligent sucht und die neuen Formate nutzt, der profitiert auch. Smarte Tools wie RSS-Feeds, Flipboard oder Zite sammeln automatisch Inhalte auf der Basis persönlicher Einstellungen.

Digitaler Notizblock 11

Das Wichtigste im Überblick

→ Notizen sollten nicht verstreut liegen, sondern zentral erfasst sein.
→ Synchronisierte Notizsysteme sind für sämtliche Endgeräte verfügbar.
→ Evernote hat klare Vorteile gegenüber Outlook und OneNote.
→ Notizsysteme eignen sich auch hervorragend als Medienarchiv.
→ Ein Digitalstift („Smartpen") unterstützt das Notizsystem perfekt.

Ein ganzes Kapitel zum Thema Notizen? Vielleicht haben Sie da erst etwas gestutzt. So geht es jedenfalls vielen meiner Seminarteilnehmer, die sich vor dem Seminar kaum Gedanken gemacht haben, wie ihnen ein effektives Notizsystem die tägliche Arbeit erleichtern könnte. Es wird zwar ständig notiert, jedoch selten einheitlich und mit Methode. Das Logo von Evernote, der führenden – und in der Basisversion kostenlosen – Software für digitale Notizen, ist ein Elefant. Und ein „Elefantengedächtnis" verschaffen Sie sich tatsächlich mit einem einheitlichen, auf allen Ihren digitalen Endgeräten synchronisierten Notizsystem. So hören Sie buchstäblich auf, sich zu verzetteln.

Stellen Sie sich einmal vor, Sie würden nie wieder eine wichtige Information verlieren, die Sie bei Besprechungen, auf Messen und Kongressen, während Keynotes, in Zeitungen und Zeitschriften oder auf Websites und in E-Mails erhalten. Stellen Sie sich außerdem vor, Sie könnten alles im Handumdrehen wiederfinden, was Sie jemals aufgelesen und gespeichert haben. Genau das ermöglicht Ihnen Ihr digitaler Notizblock. In diesem Kapitel geht es zunächst um die Grundprinzipien der digitalen Notizverwaltung, dann um die geeignete Software und schließlich um smarte Anwendungsszenarien.

Ordnung beginnt im Kopf – und hört dort nicht auf

Wenn ich auf Konferenzen bin oder einem Keynote-Sprecher zuhöre, beobachte ich manchmal, wie die anderen Teilnehmer notieren: Da schreiben einige mit dem Werbekuli auf einen der ausliegenden Hotelblocks. Andere machen sich Notizen in ihrem Zeitplanbuch. Und wieder andere bitten ihren Sitznachbarn um ein Blatt Papier. Am eigenen Schreibtisch sieht es bei vielen ähnlich uneinheitlich aus. Da werden mal die gelben „Notizzettel" in Microsoft Outlook verwendet und mal deren Vorbilder von Post-it. Telefonnotizen landen auf Schreibtischunterlagen oder auf Zetteln aus dem Kasten. Manchmal werden sogar Word-Dokumente für Notizen verwendet und anschließend in den Tiefen der Ordnerstruktur abgespeichert. Und unterwegs scheint die Notizen-App auf dem iPhone perfekt zu sein – deren digitale „gelbe Zettel" nur leider nicht mit denen von Outlook synchronisierbar sind.

> **TIPP:**
> Die gelben „Notizen" in Outlook sowie auf iPhone und iPad lassen sich untereinander nicht synchronisieren. Am besten verzichten Sie ganz darauf, denn es gibt bessere Lösungen – vor allem Evernote.

Selbst wenn Sie Ihre Seminarnotizen aufbewahren – finden Sie diese dann nach einem Jahr auf Anhieb wieder? Können Sie Fotos von dem Seminar hinzufügen? Ist es möglich, Links zu Webseiten mit weiteren Informationen hinzuzufügen? Und können Sie schließlich Ihre Notizen auch für andere freigeben? Wahrscheinlich nicht. Doch das alles und noch mehr können Sie mit einem digitalen Notizsystem. Da ist es mir auch egal, wenn bei einem Kongress andere Teilnehmer manchmal glauben, ich würde auf dem iPad E-Mails checken. Sie wollen bei Vorträgen und Seminaren nicht tippen? Kein Problem: Mit einem Smartpen und einem speziellen Notizbuch notieren Sie wie gewohnt – und digitalisieren im nächsten Schritt.

Ordnung schaffen und Notizen vereinheitlichen

Wenn Sie bisher noch kein einheitliches Notizsystem besitzen, empfehle ich Ihnen, sich zunächst mit einigen Grundprinzipen vertraut zu machen. Denn auch hier nützt Ihnen die beste Software nichts, wenn Sie nicht wissen, was Sie damit erreichen wollen. Am besten stellen Sie Ihr bisheriges System komplett um: Alles, was Ihnen wichtig ist, erfassen Sie in Zukunft einheitlich. Ältere Notizen importieren Sie gegebenenfalls in Ihr neues System. „Ordnung beginnt im Kopf" – Sie werden merken, dass hier ein wenig Disziplin nötig ist. Was Sie nicht von vornherein in Ihrem Notizsystem erfassen, sollten Sie zeitnah einfügen.

Ein effektives Notizsystem ist einheitlich und idealerweise auf allen Ihren digitalen Endgeräten verfügbar. In Programmen wie Evernote oder OneNote richten Sie am besten dieselbe Ordnerstruktur ein, die Sie bereits für Ihre E-Mails und Ihr Dateimanagement nutzen. Erinnern Sie sich hier zum Beispiel an das LIFE-Prinzip, da sich Ihnen in Kapitel 1 vorgestellt habe. Ein Hauptproblem bei Notizen besteht darin, dass selbst gut organisierte Manager sie einfach nicht in ihre übrigen Ordnungssysteme integrieren. Die Notizen können dann auch nur schwer in anderen Formaten weiterverwendet werden.

Schnittstellen managen

Wenn dieses Buchmanuskript fertig ist, werde ich mit meiner Familie nach Berlin umziehen. Wir haben bereits eine Wohnung gefunden und stecken mitten in der Umzugsplanung. Dazu gehören die obligatorischen Besuche in verschiedenen Möbelhäusern und Designgeschäften. (All dies ist schon geschehen, wenn Sie diese Zeilen lesen.) Wenn mir irgendwo ein Stuhl oder eine Leuchte gefällt, mache ich direkt in meiner Evernote-App auf dem iPhone Fotos von dem Produkt und der zugehörigen Info. Zu den Fotos kann ich später noch Kommentare hinzufügen. Infos, die wir mündlich vom Verkäufer erhalten, füge ich als Notiz in denselben Ordner

> **TIPP:**
> Die Leistungsfähigkeit eines Notizsystems zeigt sich unter anderem an der Zahl der „Schnittstellen": Je größer die Zahl der Programme, mit denen Daten ausgetauscht werden können, desto vielseitiger ist das System.

ein. Und wenn ich im Internet ein schönes Designobjekt entdecke, kommt auch diese Website als „Clip" in mein digitales Notizbuch.

Als Nutzer haben Sie oft mehrere Möglichkeiten, Notizen einzugeben. Der perfekte digitale Notizblock verfügt über Schnittstellen zu nahezu sämtlichen Medien und speist sich somit aus vielen Quellen. Eine kurze Erinnerung werden Sie in der Regel über die Tastatur eingeben oder per Spracherkennung erfassen. Selbstverständlich können Sie in Notizsystemen auch Audiodateien mit Diktaten ablegen. Möchten Sie handschriftliche Notizen digital speichern, dann nutzen Sie einen Smartpen oder fotografieren Ihre Notizen. Fotos von Flipcharts oder Messeneuheiten fügen Sie direkt in den passenden digitalen Ordner ein. Mithilfe spezieller Plug-ins für Outlook oder Ihren Webbrowser lassen sich E-Mails, Webseiten oder Bildschirmkopien ohne Umwege als Notizen speichern. Schließlich fügen Sie über den Scanner auf Ihrem Schreibtisch gedruckte Dokumente hinzu.

Welches Notizsystem ist das richtige?

In der Software-Industrie hat es in den vergangenen 30 Jahren häufig Quasi-Monopole oder Duopole gegeben. Entweder ein Anbieter ist so dominant, dass er quasi einen Industriestandard definiert, wie etwa Microsoft mit Office bei der Bürosoftware. Oder zwei große Anbieter ringen um die Vorherschafft, so wie Apple und Google mit iOS beziehungsweise Android auf dem Markt für Smartphones. Bei den Notizsystemen ist Evernote heute fast schon der Industriestandard. Und das, obwohl die Evernote Corporation aus dem kalifornischen Redwood City erst 2008 an den Start gegangen ist. Zu der Zeit war Microsoft längst ein Milliardenkonzern. Trotzdem ist der IT-Riese mit seinem Produkt OneNote eher Verfolger von Evernote als Marktführer. Das Programm ist als Bestandteil sämtlicher Versionen von Office zwar gut in die Welt von Microsoft integriert, hat aber im Vergleich zu Evernote – noch – relativ wenige Schnittstellen zu anderen Anwendungen.

Da ist Evernote klar im Vorteil: In immer mehr Applikationen findet sich der grüne Button mit dem grauen Elefanten, über den Inhalte direkt zu Evernote hinzugefügt werden können. Weiterer Pluspunkt: Evernote ist ein „Freemium"-Produkt – die Basisversion ist kostenlos. Die Premium-Variante mit mehr Speicher sowie Offline-Funktionen und ohne Werbung kostet fünf Euro im Monat oder jährlich 40 Euro (Stand: Januar 2013). Immer enthalten ist reichlich Speicherplatz in der Cloud. OneNote von Microsoft kostet einmalig um die 90 Euro, dürfte als Teil von Office aber an den meisten Büroarbeitsplätzen bereits installiert sein. Der große Vorteil von Microsoft OneNote ist der höhere Sicherheitsstandard. Ihre Daten bleiben „zu Hause", während Evernote alles auf Servern in den USA ablegt. Im Folgenden stelle ich Ihnen die beiden Systeme näher vor.

Infos zu OneNote unter 51.

Infos zu Evernote unter 52.

Direkt zur iPad-App von Evernote geht es unter 53.

Kinder der Windows-Familie: Outlook und OneNote

Die meisten Manager haben digitale Notizen wahrscheinlich zum ersten Mal in Microsoft Outlook kennengelernt. Die „Post-its" in Outlook sind ebenso wie die Aufgabenlisten ein Erbe des Outlook-Urahns Schedule+. Als digitale „gelbe Zettel" sind sie weiterhin nichts als reine Textnotizen und bilden einen Notizblock aus Papier lediglich digital nach. Immerhin lassen sich die Outlook-Notizen über Exchange mit mobilen Endgeräten synchronisieren. Das klappte mit Symbian, dem alten mobilen Betriebssystem von Nokia, sehr gut und funktioniert bis heute reibungslos bei Windows Phone. Um Outlook-Notizen auf dem iPhone oder iPad zu sehen, ist allerdings ein Zusatzprogramm wie iMExchange nötig. Sie erhalten iMExchange im App-Store von Apple.

Outlook-Notizen können mit einem modernen Notizsystem wie Evernote nicht mehr mithalten. Mit reinem Text als alleinigem Datenformat und E-Mail als einziger Schnittstelle – Sie können eine Notiz in Outlook per E-Mail weiterleiten – bietet Outlook kaum einen Zusatznutzen gegenüber einem Notizbuch aus Papier. Deshalb hat Microsoft vor einigen Jahren mit OneNote ein echtes Notizsystem in die Office-Familie aufgenommen. Wer in der Welt von Microsoft zu Hause ist, wird sich mit OneNote schnell zurechtfinden, denn das Programm spielt sehr gut mit anderen Office-Anwendungen zusammen. So können E-Mails oder deren Anhänge aus Outlook in OneNote importiert oder Word-Dokumente direkt in OneNote gespeichert werden. Genau wie Evernote verarbeitet auch OneNote praktisch sämtliche Medienformate, vom Foto über die Audiodatei bis hin zur handschriftlichen Notiz mit dem Smartpen.

TIPP:
MobileNoter ist eine gute Alternative fürs iPad, wenn Sie am PC Microsoft OneNote statt Evernote verwenden möchten. Mit dem QR-Code gelangen Sie direkt zu MobileNoter im App-Store.
Infos unter 54

Den größten Vorteil bietet OneNote Unternehmen, die nicht nur Microsoft Office nutzen, sondern auch eigene Server mit Exchange besitzen: Es können auch sicherheitskritische Informationen in OneNote abgelegt werden, wenn sie auf dem eigenen Server verbleiben und über Exchange mit mobilen Endgeräten synchronisiert werden. OneNote funktioniert mobil selbstverständlich nicht nur über Windows Phone, sondern über kostenlose Apps auch auf Geräten mit iOS von Apple oder Google Android. Größter Nachteil von OneNote bleibt jedoch das unbefriedigende Zusammenspiel mit Software, die nicht von Microsoft stammt. Ein „besseres" Notizbuch für mobile Geräte wollen Mobile-Noter (für iOS, Android und Blackberry) oder Outline (für iOS) sein. Sie sind mit OneNote voll kompatibel und deshalb ein guter Kompromiss.

Der Elefant auf dem Erfolgspfad: Evernote

Evernote zählt zu jenen Erfolgsstorys der IT-Branche, die in jüngster Zeit meistens in Kalifornien geschrieben werden. Innerhalb von vier Jahren konnte das Start-up bereits rund 35 Millionen Kunden gewinnen. Noch bemerkenswerter ist der ungewöhnlich hohe Anteil von zahlenden Premiumkunden, der 2012 bei rund 1,5 Millionen lag. Seit es Evernote gibt, bin ich ein regelrechter Fan dieser Software. Je mehr Schnittstellen zu anderen Anwendungen hinzukommen, desto mehr Gründe gibt es, Evernote zu mögen. Es ist längst mein persönlicher Speicher für schlichtweg alles, was ich an Informationen aufheben will. Außerdem ist Evernote mein Medienarchiv. Jeden interessanten Artikel fotografiere, scanne oder „clippe" ich und lege ihn in Evernote ab. Ich wähle dann noch einen prägnanten Titel für die Notiz und nutze die Schlagwortfunktion, um meine gespeicherten Texte schnell wiederzufinden. Übrigens: Im begrenzten Umfang kann Evernote sogar fotografierten Text durchsuchen.

Mit Evernote bekommt jeder Nutzer automatisch Speicherplatz auf einem zentralen Server zur Ablage sämtlicher Inhalte. Analog Microsoft Exchange wird jede Datei auf jedem Endgerät, auf dem Sie Evernote installiert und sich angemeldet haben, automatisch synchronisiert. Haben Sie zum Beispiel eine Internetseite durch einen simplen Klick auf den grünen Button des Plug-in ins Evernote auf dem PC übertragen, dann sehen Sie die Seite Sekunden später auch auf dem Smartphone, dem Tablet oder sogar auf jedem beliebigen anderen Internet-PC, an dem Sie sich auf der Evernote-Website anmelden. Sie können nicht nur digitale Medieninhalte in Evernote ablegen, sondern Ihre verschiedenen Ordner auch für den Zugriff durch andere freigeben.

> **TIPP:**
> „Clipping" ist die englische Bezeichnung für das Sammeln von Medienausschnitten. Mit Evernote können Sie über entsprechende Plug-ins für Ihren Browser bzw. Outlook beliebige Online-Artikel oder E-Mail-Newsletter einfach per Mausklick „clippen" und in Evernote ablegen.

Tradition trifft Innovation: Moleskine und Evernote

Eine ganz besondere „Schnittstelle" bietet Evernote dank einer Kooperation mit dem italienischen Notizbuchhersteller Moleskine. Als „Evernote Smart Notebook" kommt der edel gebundene Klassiker von Moleskine nicht nur mit typischen Designelementen von Evernote daher, sondern bietet auch ein spezielles Papier mit gepunkteten Linien, das es ermöglicht, fotografierte handschriftliche Notizen besonders zuverlässig mit Evernote zu erfassen. Außerdem werden spezielle Aufkleber mit Symbolen, sogenannte „Smart Sticker", mitgeliefert. Evernote erkennt in fotografierten Notizen diese Symbole und behandelt sie ähnlich wie „Kategorien". Schließlich erhalten die Kunden von Moleskine mit jedem „Evernote Smart Notebook" drei Monate Evernote Premium gratis. Die Symbiose von Moleskine und Evernote ist ein Beispiel dafür, wie Papierwelt und digitale Welt sich aufs Schönste ergänzen können.

Die Evernote Corporation ist in den letzten Jahren nicht nur rasant gewachsen, sondern war auch auf Einkaufstour im benachbarten Silicon Valley. So kamen etwa der Bildbearbeitungsspezialist Skitch und die Handschrift-App Penultimate zur Firma mit dem Elefanten. Hintergrund ist das Bestreben von Evernote, mit möglichst allen Medien kompatibel zu sein und so viele Schnittstellen wie möglich zu anderen Programmen anzubieten. Und da hat Evernote jetzt schon einiges zu bieten: Über den WLAN-fähigen Sky Wifi Smartpen von Livescribe kommen handschriftliche Notizen direkt in Evernote. Oder besser: fast direkt – denn die Daten laufen über Server in den USA. Wer das verhindern will, synchronisiert seinen Smartpen lieber „klassisch" per USB-Kabel mit Evernote am PC (siehe Kasten am Ende des Kapitels).

Über die App Penultimate (für Apple iOS) beziehungsweise Pen Supremacy (für Android) lassen sich von Hand erstellte Zeichnungen an Evernote übertragen. Perfekt für Designideen oder schnell skizzierte Charts! Und mit der App Skitch können Sie in Evernote aufgenommene oder importierte Fotos mit Kommentaren direkt im Bild oder auch mit Pfeilen und anderen Symbolen versehen. Ein weiteres Beispiel für die Vielseitigkeit von Evernote ist die Integration in Webbrowser. Mit dem Plug-in Evernote Clearly lassen sich längere Texte im Internet zunächst in einem lesefreundlichen Reader darstellen, der Werbung, Texte in Seitenleisten usw. ausblendet. Anschließend lässt sich

> **TIPP:**
> Wer alles aus Evernote herausholen möchte, dem empfehle ich das Buch „Mit Evernote Selbstorganisation und Informationsmanagement optimieren" von Herbert Hertramph. Das Buch ist gut geschrieben und bleibt nicht bei der reinen IT-Sicht stehen. Vielmehr werden gute Denkansätze für Smart Working mit Evernote gegeben. Infos unter 55
>
>

der zentrale Text mit einem Klick als Notiz zu Evernote hinzufügen. Wer ganze Webseiten mit allen Bildern und Links „clippen" möchte, benutzt dazu den Evernote Webclipper. Funktioniert nicht auf dem iPad? Doch – wenn Sie iCab Mobile statt Safari als Browser nutzen!

Notizsysteme in der Anwendung

Ein Notizsystem wie Evernote eignet sich so gut als Zeitungsarchiv, dass eine Werbeagentur, die ich einmal beraten habe, heute ihren gesamten Zeitschriftenumlauf mit Evernote organisiert. Das Prinzip: Nur jeweils einer der drei Geschäftsführer bekommt eine bestimmte Zeitung oder Zeitschrift auf den Tisch. Dieser „zuständige" Manager fotografiert dann alle Artikel, die ihm für die Firma interessant erscheinen, in Evernote. Seine Kollegen haben Zugriff auf den entsprechenden Ordner und können die interessanten Artikel anschließend jederzeit lesen. Übrigens hatten die Geschäftsführer hier die Wahl, ob sie einen einzigen Evernote-Account gemeinsam nutzen möchten oder ob zwei Kollegen Zugriff auf den Ordner „Zeitschriften" des Dritten erhalten. Beides ist ohne Probleme umsetzbar.

Das alles speichern Notizsysteme – und noch mehr

Ein digitaler Notizblock wie Evernote oder OneNote speichert fast alles, was sich speichern lässt. Hier ein kleiner, unvollständiger Überblick:

- digitale Texte – formatiert oder unformatiert
- handschriftliche Notizen und Skizzen
- Fotos, Videos und Audiodateien
- E-Mails und Webseiten, inklusive aller Links und Anhänge
- Scans und Fotos von Dokumenten – voll durchsuchbar
- Zeitungs- und Zeitschriftenartikel
- Office- und PDF-Dateien

Webseiten speichern – zum Beispiel für Messebesuche

Die Anwendung „Pressearchiv" leuchtet sofort ein, da heute niemand mehr kiloweise Zeitungen und Zeitschriften im Keller archivieren oder gar Zeitungsausschnitte auf Kopierpapier kleben und in Leitz-Ordnern abheften möchte. Doch warum Webseiten in Evernote oder OneNote speichern? Was zunächst umständlich klingt, hat eine Reihe von Vorteilen. Zunächst ist es einfach übersichtlicher, als mit Lesezeichen zu arbeiten – schon allein wegen der eleganten Vorschau in Evernote. Die Links und Unterlinks einer Seite archiviert Evernote automatisch mit. Außerdem: Was einmal im Notizsystem gespeichert ist, kann der Betreiber einer Website nicht mehr vom Netz nehmen. Die Seiten von Kongressen oder Messen bleiben somit dauerhaft erhalten.

Apropos Messe: Wer bei einem Messebesuch schnell Infos zu einem bestimmten Aussteller finden will, kann sich vorher mit Evernote oder OneNote seinen persönlichen „Ausstellungskatalog" anlegen. Die Seiten der Aussteller sind dann auf dem Tablet oder Smartphone auch offline verfügbar und lassen sich nach viele Kriterien ordnen. Und nicht nur das: Eigene Notizen können während des Messerundgangs den gespeicherten Ausstellerseiten hinzugefügt werden. Es lassen sich außerdem Fotos und kurze Diktate ergänzen. Das heißt: Das Notizsystem unterstützt den gesamten Messebesuch – von der Vorbereitung über das Sammeln von Informationen vor Ort bis zur Nachbereitung. Hallenpläne, E-Tickets oder Messezeitschriften lassen sich selbstverständlich auch als Notiz ablegen.

> **TIPP:**
> Seit iOS 6 bietet Apple mit Passbook eine Sammel-App für Tickets, Bordkarten und Reservierungsbestätigungen. Passbook ergänzt Evernote oder OneNote genial. Mit Passbook habe ich meine Bordkarte oder Mietwagenreservierung sofort auf meinem iPhone. Später lösche ich das Ticket wieder. Vorteil: Einchecken auch ohne Drucker von unterwegs. In Evernote speichere ich dagegen dauerhaft Notizen.

Vorträge, Gespräche und Telefonate protokollieren

Wenn Sie sich in Vorträgen und Seminaren von Werbekuli und Hotelblock verabschieden möchten, dann haben Sie dazu mit Evernote verschiedene Möglichkeiten. Sie können zum Beispiel auf dem iPad oder einem anderen Tablet direkt in Evernote tippen. Ein Tablet ist diskret – jedenfalls nicht so auffällig wie ein Notebook –, und die Bildschirm-Tastatur funktioniert geräuschlos. Wenn Ihnen das zu unpraktisch ist – oder Sie den Eindruck vermeiden wollen, Sie seien mit E-Mails oder Facebook beschäftigt –, dann können Sie mit einem Smartpen auf Papier notieren und Ihre Notizen anschließend in das Notizsystem importieren. Die dritte und äußerst stilvolle Variante: Sie notieren mit edlem Schreibgerät im „Smart Notebook" von Moleskine – oder einem anderen Notizbuch aus Papier – und fotografieren Ihre Notizen anschließend in Evernote.

Der Vorteil der ersten, „voll digitalen" Variante: Sie können bereits beim Notieren Listen mit „Bulletpoints" oder Nummerierungen anlegen, Textstellen fett, kursiv oder unterstrichen auszeichnen und nicht zuletzt Textteile verschieben oder löschen. Außerdem können Sie das, was ein Referent spontan am Flipchart oder Whiteboard zeichnet, gleich fotografieren und ihren Notizen hinzufügen. Und was für Vorträge und Seminare gilt, das gilt ebenso für persönliche Gespräche: Der digitale Notizblock unterstützt Sie auf unterschiedliche Art und Weise. Bei Kundengesprächen empfiehlt sich der Einsatz des Smartpen. So notieren Sie höflich und diskret. Für Gesprächsnotizen am Telefon ist wiederum Evernote fürs Tablet ideal – da Ihr Gesprächspartner die Tastatur von iPad & Co. nicht klappern hört.

> **TIPP:**
> Noch mehr Tipps zu Evernote lesen Sie in dem Blog unter 56.
>
>
>
> Lesen Sie dazu auch den Blog unter 57.
>
>

Listen, Quittungen, Dokumente …

Wunschlisten, Checklisten, Packlisten – es gibt so gut wie keine Liste, die in einem Notizsystem nicht optimal aufgehoben wäre. Haben Sie zum Beispiel eine Lektüreliste mit Managementbüchern, die Sie in der nächsten Zeit lesen möchten, dann können Sie in jeder Buchhandlung über die Smartphone-

App von Evernote – oder OneNote – einen Titel hinzufügen. Wenn Sie möchten, einschließlich Fotos von Cover, Rückentext und Inhaltsverzeichnis. Lesen Sie am nächsten Tag eine Rezension zu diesem Buch in einem Wirtschaftsmagazin, dann fotografieren Sie den Artikel mit dem iPad und fügen ihn ebenfalls hinzu.

Neben allen möglichen Listen kommen bei mir auch Quittungen, Garantie-Urkunden oder Bedienungsanleitungen ins Evernote. Auch Kopien wichtiger Dokumente wie Führerschein oder Fahrzeugschein sind hier richtig aufgehoben – für den Fall, dass das Original einmal nicht zur Hand ist oder abhandenkommt. Bei Quittungen und Belegen hat die digitale Archivierung den zusätzlichen Vorteil der besseren Altersbeständigkeit. Das heute für Kaufbelege oft verwendete Thermopapier wird nämlich manchmal schon vor Ablauf der gesetzlichen Garantiezeit unleserlich.

Der besonders smarte Stift: Livescribe Smartpen

Fast jeder hat schon einmal mit einem Smartpen geschrieben: In den Shops der Deutschen Telekom und bei vielen anderen Firmen werden Unterschriften von Verkäufer und Kunde zwar noch auf Papier geleistet, jedoch gleichzeitig digital erfasst. Wer die Vorteile digitaler Stifte selbst nutzen möchte, greift am besten zum Marktführer Livescribe. Dessen „Smartpens" funktionieren zunächst wie ganz normale Kugelschreiber. Allerdings schreiben Sie damit auf einem Spezialpapier mit kleinen Punkten, das von Notizzettel-Größe bis hin zum A4-Format erhältlich ist. Geschriebenes wird so gleichzeitig digital erfasst und im Stift zwischengespeichert.

Das ältere, nach wie vor erhältliche Modell Livescribe Echo Smartpen verbinden Sie am Ende des Notizvorgangs über ein USB-Kabel mit Ihrem Rechner. Die dort installierte Livescribe-Software liest den Stift aus. Das Ergebnis erhalten Sie entweder als PDF oder direkt in Evernote oder Google Drive. Die Methode über USB ist zwar etwas umständlich, sorgt aber für maximale Datensicherheit. Ihre Notizen gelangen nicht ins Internet – und laufen erst recht nicht über Server in den USA. Letzteres geschieht beim neueren Modell Sky Wifi Smartpen.

Wie der Name schon sagt – Wifi und WLAN sind ja identische Bezeichnungen für „lokales Funknetz" –, überträgt der Sky Wifi drahtlos Daten. Dank einer Kooperation mit der Evernote Corporation kann diese Übertragung direkt zu Evernote geschehen, aber auch zu Dropbox, Google Drive oder Facebook. Der Sky Smartpen zeichnet außerdem auch Gesprochenes auf. Die Software wandelt es später in Text um. Beim Echo Smartpen können dafür bereits handschriftliche Notizen am PC mit einer Volltextsuche durchsucht werden. Wer weiter aufrüsten möchte, kann eine Texterkennung als Add-on hinzufügen, um den handgeschriebenen Text digital weiterzuverarbeiten.

Echte Evernote-Profis gehen schließlich noch einen smarten Schritt weiter: Sie binden Barcode- und QR-Code-Scanner ein! Für alle Smartphones und Tablets gibt es – in der Regel kostenlose – Apps, mit denen sich über die integrierte Kamera Barcodes und QR-Codes erfassen lassen. Außerdem gibt es Freeware für PC und Mac, mit der Sie QR-Codes selbst erstellen und anschließend auf Klebe-Etiketten drucken können. Jetzt haben Sie zum Beispiel folgende Möglichkeit: Sie fotografieren den Inhalt von Archivboxen, generieren für jede Archivbox einen QR-Code, kleben ihn auf die Box und verlinken den Code in Evernote mit dem Foto des Inhalts. Dann können Sie in Evernote auf den Fotos in Ihrem Archiv „suchen", ohne eine einzige Box öffnen zu müssen.

Auch wenn Sie anfangs etwas gestutzt haben sollten, warum ich ein ganzes Kapitel zu Notizen geschrieben habe, sehen Sie vielleicht spätestens jetzt, welche Möglichkeiten im digitalen Notizblock stecken!

Fazit: Intelligente Notizsysteme wie Evernote oder Microsoft OneNote sind enorm leistungsfähige Informationsspeicher für den Businessalltag. Bei der Auswahl des geeigneten Systems müssen Sie eventuell zwischen Datenschutz auf der einen Seite und Vielseitigkeit und Komfort auf der anderen Seite abwägen.

12 Weiterbildung 3.0

Das Wichtigste im Überblick

→ Vernetzte, digitale Medien verändern die Weiterbildungslandschaft.
→ Neue Tools helfen auch im Umgang mit klassischen Angeboten.
→ Aus dem „E-Learning" von früher wird integriertes „Blended Learning".
→ Lehrbücher werden zu interaktiven Medien – wie etwa iBooks.
→ Unternehmen schulen Mitarbeiter mit eigenen digitalen Lösungen.

Seminare und Trainings sind manchmal wie bengalische Feuer – sie brennen intensiv, verlöschen aber auch nach kurzer Zeit. Es mangelt an Nachhaltigkeit. Viele Führungskräfte, die ich kenne, sind frustriert, weil es immer schwieriger wird, sich in der Flut der Weiterbildungsangebote zu orientieren. Jeder weiß: In einem Land ohne Rohstoffe sind Bildung und Ausbildung der Schlüssel zu langfristigem Wohlstand. Für angestellte Führungskräfte geht es außerdem um die „Employability" – nur wer sich ständig weiterentwickelt, bleibt sein Gehalt wert. Doch wie viel Zeit sollten Führungskräfte und ihre Mitarbeiter wirklich für Weiterbildung aufwenden? Und: Muss es immer ein Seminar oder Präsenztraining sein – oder gibt es digitale Alternativen?

Der Trend geht heute klar in Richtung „Blended Learning" – smarte Weiterbildungsformate kombinieren die Vorteile von Präsenzseminaren mit der Flexibilität und ständigen Verfügbarkeit digitaler Lernmedien. Inhalte durch persönliche, lebendige Vermittlung kennenlernen und durch digitale Medien begleiten, vertiefen und festigen – das ist ein Beispiel für „Weiterbildung 3.0". Daneben bedeutet „Weiterbildung 3.0" jedoch auch mehr Eigeninitiative. Nie zuvor konnten Führungskräfte und Mitarbeiter selbstständig und zu überschaubaren Kosten so viele Weiterbildungsangebote ähnlich effektiv nutzen – von digitalen Buchzusammenfassungen bei GetAbstract bis hin zu interaktiven Vorlesungen und Seminaren für das iPad bei iTunes U von Apple.

In diesem Kapitel gebe ich Ihnen sowohl Anregungen für Ihre eigene Weiterbildung als auch Tipps für Schulungen Ihrer Mitarbeiter und den Aufbau von Weiterbildungssystemen im Unternehmen. Die Weitergabe von Wissen von Mensch zu Mensch hat noch lange nicht ausgedient. Doch neue Technologien ergänzen sie um spannende, nachhaltige und kostengünstige Möglichkeiten.

Die neue Welt der Weiterbildung

E-Learning hat bei einigen bis heute ein negatives Image. Ab den 1980er-Jahren. sollte sogenanntes Computer Based Training (CBT) die IT-Schulung von Mitarbeitern erleichtern. Allzu oft verbargen sich hinter CBT bloß ein paar dilettantische Screenshots und Multiple-Choice-Tests zum Anklicken. „Gehirn-gerechtes Lernen", das Vera F. Birkenbihl zur selben Zeit propagierte, sieht anders aus. Nämlich bildhaft, lebendig und mit möglichst vielen, auch auf das Unterbewusstsein wirkenden Reizen. Das spätere Web Based Training (WBT) war zwar über das Internet überall verfügbar, jedoch qualitativ zunächst kaum besser. Diese Anfänge der digitalen Weiterbildung dürfen Sie jetzt getrost vergessen. Mit den heutigen Möglichkeiten der Mediengestaltung, hoher Speicherkapazität sowie Schnelligkeit und Bandbreite auch bei drahtloser Datenübertragung entsteht gerade eine neue Welt der Weiterbildung.

> **TIPP:**
> Babbel bietet Sprachkurse für sieben Sprachen plus Business-Englisch. Die Basisfunktionen sind für private Nutzer kostenlos. Firmen erhalten eigene Geschäftskunden-Angebote. Infos unter 58
>
>

Ein Beispiel dafür ist die Sprachlern-Website Babbel. Das Berliner Start-up Lesson Nine hat mit diesem „Freemium"-Angebot zwischen 2007 und 2011 rund 2,5 Millionen Nutzer gewonnen. Erfolgsrezept ist die Kombination aus Text, Bild, gehörter, gesprochener und geschriebener Sprache. Als Nutzer sehen Sie zum Beispiel ein Bild eines Begriffs und müssen die zugehörigen Buchstaben ordnen. Dann hören Sie mal einen Satz und mal schreiben oder sprechen Sie ihn selbst. Zu Ihrer Aussprache bekommen Sie via Spracherkennung Feedback auf einer Prozentskala. Ein Vokabeltrainer für iPhone, iPad und Android-Smartphone – der auch offline funktioniert – ergänzt das Angebot. Die Kurse sind nicht statisch, sondern reagieren auf den Lernfortschritt, unter anderem mit dem automatischen „Wiederhol-Manager". Nicht zu Unrecht steht Babbel auf Platz 1 der iTunes-Download-Charts in der Kategorie Weiterbildung.

Klassische Angebote effektiver nutzen

Multimediale Angebote über verschiedene digitale Endgeräte – wie Babbel – sind nur ein Aspekt der „Weiterbildung 3.0". Ein weiterer, oft übersehener Fortschritt besteht darin, klassische Angebote mit neuen Techniken und Technologien besser vergleichen, auswählen und nutzen zu können. Vergleichsportale ermöglichen es zum Beispiel, unterschiedliche Weiterbildungsangebote kennenzulernen und Erfahrungsberichte zu lesen. Ein anders Beispiel: Digitale Buchzusammenfassungen – wie GetAbstract oder Executive Book Summaries – ermöglichen es nicht nur, die wesentlichen Inhalte von Managementbüchern in wenigen Minuten zu verstehen. Sie sind auch eine Entscheidungshilfe, ob es sich lohnt, ein Buch komplett zu lesen.

Ich liebe gedruckte Bücher und lese täglich mindestens eines. Dank „Speed Reading" – der Technik des Schnelllesens – brauche ich aber keine Stunden für jedes einzelne Buch. Und dank der digitalen Abstracts weiß ich eben schon vorher, was die wichtigsten Inhalte sind und warum ich ein Buch überhaupt lesen möchte. Manchmal genügt mir auch schon das Abstract. Übrigens gibt es die Buchzusammenfassungen von GetAbstract auch als Audiofiles. Sie werden mit jedem Abstract automatisch mitgeliefert und lassen sich zum Beispiel auf dem Smartphone anhören. So können Sie auch beim Autofahren oder Joggen die neuesten Bücher kennenlernen.

Habe ich ein Buch komplett gelesen, dann fasse ich es für mich noch einmal in einer Mindmap zusammen. Und Stellen, die mir besonders gut gefallen haben, kommen als Zitate ins digitale Notizbuch Evernote. So habe ich die Textausschnitte auf allen Geräten synchron und kann sie bei Bedarf durchsuchen oder zu Wiederholungszwecken in ihnen stöbern.

Neue technische Möglichkeiten

Sprachen lernen ist nur ein Anwendungsbespiel für Weiterbildung mit vernetzten digitalen Instrumenten. Mit iTunes U – das „U" steht für „University" – hat Apple 2007 eine Plattform geschaffen, die es Unis erlaubt, ihre Vorlesungen und Kurse weltweit kostenlos anzubieten. Renommierte Hochschulen wie das Massachusetts Institute of Technology (MIT), die Universität Oxford oder die Stanford University waren schnell mit an Bord. Hinzu kamen neben Yale und Berkeley auch das New Yorker Museum of Modern Art (MoMA). Fünf Jahre nach dem Start in den USA machten auch 19 deutsche Universitäten und Fachhochschulen mit. Während iTunes U anfangs ausschließlich Audio- und Video-Podcasts nutzte, werden seit 2012 auch Texte und Präsentationen – in Formaten wie PDF oder Keynote –, E-Book-Apps aus dem App-Store sowie Weblinks in die iTunes-U-Umgebungen der einzelnen Unis eingebunden.

> **TIPP:**
> iTunes U ist ab Betriebssystem iOS 6 auf iPad und iPhone vorinstalliert. Nutzer älterer Versionen finden die App im App-Store.

Wer mit Unterstützung von iTunes U studiert – also zum Beispiel an einer amerikanischen oder britischen Uni seinen MBA macht –, hat mithilfe einer speziellen Studenten-App ein ganz neues Lernerlebnis. Video- oder Audiovorlesungen laufen nicht nur auf dem iPad, sondern es lassen sich auch an jeder Stelle Notizen einfügen, die dann zusammen mit der Vorlesung synchronisiert werden. Studierende können auf dem iPad die von den Dozenten empfohlenen Bücher lesen und Präsentationen ablaufen lassen. Sie können eine Aufgabenliste für ihr jeweiliges Seminar einblenden und erledigte Aufgaben abhaken. Die Dozenten wiederum können ihren Studierenden jederzeit Nachrichten senden oder neue Aufgaben stellen. Die Benutzer der App erhalten dann auf Wunsch eine Push-Benachrichtigung auf dem iPad.

Tipps für iTunes U

Hier sind einige Beispiele für kostenlose Kurse im Bereich Wirtschaft und Management von Apple iTunes U. Sie können diese am PC oder auf iPad und iPhone abrufen:

- Yale University: Financial Markets
- TED: Design Thinking – Reimagine the Designer
- University of Hertfordshire: Mobile Business
- London Business School: Women in Business
- INSEAD: Best of Management
- Stanford University: The Startup Workshop
- Freiburg School of Business: Einführung in die Rechnungslegung
- Hasso-Plattner-Institut Potsdam: Unternehmensgründung im IT-Sektor

Anwendungen wie iTunes U werden in einigen Jahren wahrscheinlich selbstverständlicher Teil der Bildungslandschaft sein. Nicht nur Universitäten, sondern auch Unternehmen und Anbieter auf dem Weiterbildungsmarkt werden dann für ihre Mitarbeiter und Kunden ähnlich innovative Informations- und Schulungsmöglichkeiten bereithalten. Im IT-Bereich ist diese Entwicklung schon heute weit fortgeschritten. Grafiker zum Beispiel können die Bedienung komplexer Programme – wie etwa Photoshop oder InDesign – bereits seit Jahren mithilfe interaktiver Video-Tutorials erlernen.

Persönliche Weiterbildungschancen

Internetexperten sprechen häufig von der „Demokratisierung des Wissens" oder genauer: „des Zugangs zu Wissen" durch das Internet. Weiterbildung ist dabei nur ein Lebensbereich, in dem das Internet Menschen unabhängiger von ehrwürdigen Institutionen und Unternehmen mit hoher Kapitalausstattung gemacht hat. Auch Filme drehen, Musik produzieren oder Bücher drucken war früher aufgrund der hohen Kosten nur wenigen möglich und steht heute dank neuer Technologien nahezu jedem als Möglichkeit offen. Dank des Internets und der damit verbundenen Technologien können Sie sich heute Ihr persönliches Weiterbildungsprogramm mit Wissensquellen aus aller Welt zusammenstellen. iTunes U habe ich Ihnen bereits vorgestellt. Angenehmer Nebeneffekt von englischsprachigen Angeboten: Sie frischen nebenbei Ihre Englischkenntnisse auf.

Bücher und Abstracts

Über Bücher und E-Books haben Sie im Kapitel über intelligente Mediennutzung bereits einiges gelesen. Wahrscheinlich werden Bücher im Bildungssektor noch für lange Zeit zu den wichtigsten Medien zählen. Vor allem dann, wenn es darauf ankommt, ein Fachthema in der Tiefe und mit allen seinen Facetten darzustellen. Die E-Book-Variante eines Fachbuchs wird immer dann interessant, wenn Sie Reisezeiten und Wartezeiten für Ihre Weiterbildung nutzen wollen. So lesen Sie bei Flugverspätungen am Gate auf dem iPad oder dem Kindle ein E-Book einfach automatisch an der Stelle weiter, wo Sie zuvor aufgehört haben.

TIPP:
Mit dem Kindle Cloud Reader lesen Sie die E-Books von Amazon auch in den Browsern Google Chrome, Firefox und Apple Safari.
Infos unter 59

Im Übrigen zwingt einen auch niemand, auf Geschäftsreisen die Abende im Hotel mit stundenlangem Fernsehen oder Small Talk an der Bar zu verbringen. Ebenso gut lässt sich diese Zeit für Weiterbildung nutzen. Amazon zum Beispiel bietet mehr und mehr Fachbücher auch als „Kindle Edition" an. Wenn Sie keinen Kindle besitzen, können Sie diese

E-Books auch über eine App fürs iPad oder den Kindle Cloud Reader für den Webbrowser nutzen. Sie melden sich dazu mit Ihrer E-Mail-Adresse und einem Passwort an. iTunes von Apple ist zwar stark auf Unterhaltung ausgerichtet, bietet jedoch längst auch Lerninhalte an. Besonderes Highlight bei iTunes sind dabei die neuen multimedialen iBooks. Diese E-Books binden auch Videos, interaktive Grafiken und Karten mit ein und bieten damit ein neues Lese- und Lernerlebnis. Vera F. Birkenbihl hätte ihre Freude an dieser „gehirn-gerechten" Aufbereitung von Inhalten.

Online-Quellen für Weiterbildung

Das World Wide Web ist ein Kind der Wissenschaft, wurde es doch wesentlich am Kernforschungszentrum CERN bei Genf entwickelt. Eine kommerzielle Nutzung war ursprünglich gar nicht vorgesehen. Auch wenn heute im Internet andere Angebote dominieren, bleiben wissenschaftliche Informationen eine große Stärke des WWW. Hier einige Quellen für alle, die mit Aufbaustudium, Promotion, MBA usw. beschäftigt sind:

- **ProQuest:** Das bereits 1938 als „University Microfilms" gegründete Unternehmen ist heute eine der besten Datenbanken für digitale Recherche nach englischsprachigen wissenschaftlichen Publikationen (www.pro-quest.co.uk).
- **Emerald Insight:** Der britische Wissenschaftsverlag Emerald bietet online Zugriff auf ein riesiges Spektrum an Büchern und Artikeln und erlaubt eine professionelle Recherche (www.emeraldinsight.com).
- **Google Scholar:** Das Angebot des Suchkonzerns Google ermöglicht Literaturrecherche in wissenschaftlichen Dokumenten. Zahlreiche Veröffentlichungen sind dabei vollständig kostenlos einsehbar. Google Scholar analysiert außerdem automatisch die in den Volltexten enthaltenen Zitate (http://scholar.google.com).
- **Deutsche Digitale Bibliothek:** Die DDB ist ein Projekt von Bund, Ländern und Kommunen, das von der Stiftung Preußischer Kulturbesitz umgesetzt wird. Ziel ist es, freien Zugang zum kulturellen und wissenschaftlichen Erbe Deutschlands zu eröffnen, das heißt zu Millionen von Büchern,

Archivalien, Bildern, Skulpturen, Tondokumenten, Filmen usw. (www.deutsche-digitale-bibliothek.de).

Auf digitale Abstracts von Büchern bin ich bereits kurz eingegangen. Führende Anbieter sind hier GetAbstract (www.getabstract.com) für deutsch- und englischsprachige Bücher sowie Executive Book Summaries (www.summary.com) für rein englischsprachige Bücher. GetAbstract bietet Neukunden sechs Summarys kostenlos zum Ausprobieren. Besonders angenehm lesen sich die Zusammenfassungen auf dem Tablet-Computer. Eine Summary beginnt mit den sogenannten „Take-Aways", das sind die Kernthesen eines Buchs in Form von Bulletpoints. Einer kurzen Einordnung und Bewertung des Buchs durch die Redaktion von GetAbstract folgt dann die eigentliche Zusammenfassung. Abgerundet wird das Angebot durch die besten Zitate aus dem Buch. Abstracts eignen sich wunderbar, um in ein Fachgebiet – zum Beispiel „Internationalisierung" oder „Post-Merger-Integration" – einzusteigen. Denn an einem einzigen Tag können Sie so die wichtigsten Fachbücher zum Thema in ihren wesentlichen Aussagen erfassen.

Audios und Videos

Das Thema Podcasts kennen Sie schon aus dem Kapitel über intelligente Mediennutzung. Zahlreiche, insbesondere englischsprachige Universitäten bieten heute Audiopodcasts zu vielen Fachgebieten an. Darunter sind durchaus nicht nur konventionelle Vorlesungen. Besonders spannend sind zum Beispiel auch hochkarätig besetze Podiumsgespräche oder Vortragsreihen mit renommieren Gastdozenten. Die besten Business Schools der Welt veranstalten regelmäßig Colloquien und Podiumsdiskussionen mit Spitzenleuten aus Wissenschaft, Management und Politik. Immer mehr dieser Veranstaltungen gibt es anschließend als Podcast. Wer in iTunes oder in Apps wie Podcasts oder Podcaster danach sucht, wird schnell fündig.

TIPP:
video2brain ist der nach eigenen Angaben führende europäische Anbieter für Lernvideos. Besonderes Angebot ist eine „Flatrate" für beliebig viele Kurse.
Infos unter 60

Peer to Peer University

Lerngemeinschaften bilden und sich gegenseitig helfen – das gibt es an Unis unter Studenten schon lange. Die Idee der People to People University (P2PU) ist es, Menschen auf der ganzen Welt zu Lerngemeinschaften zu vernetzen. Zu fast allen denkbaren Fachgebieten arbeiten hier Menschen online zusammen, lösen gemeinsam Aufgaben und geben sich gegenseitig Feedback in Einzel- und Gruppenarbeit. Dieses gemeinnützige „Open Education"-Projekt startete 2009 mit Stiftungsgeldern und ist für seine Nutzer komplett kostenlos.

Die Webadresse der P2PU lautet http://p2pu.org

Der Siegeszug der Videotrainings und -tutorials begann vor ungefähr zehn Jahren. Während als Datenträger zunächst die DVD dominerte, gibt es angesichts der heutigen Übertragungsbandbreiten das meiste auch als Stream im Internet. Der Sofatutor (www.sofatutor.com) ist zum Beispiel eine erfolgreiche Plattform mit über 8.000 deutschsprachigen Lernvideos für Schule und Uni. Von Schülernachhilfe in der Grundschule bis hin zur Unterstützung für das Masterstudium in BWL ist alles vertreten. Spannende Keynotes von Businessgurus finden sich, wie bereits im Kapitel über Medien erwähnt, zahlreich als Videos auf YouTube sowie auf der Website von TED unter www.ted.com. Und wenn Sie mehr aus Ihrem iPad herausholen möchten, dann schauen Sie sich doch einmal mein Video-Tutorial an, den iPadCoach. Sie finden das Angebot unter www.ipadcoach.de.

Neue Wege der Mitarbeiterschulung

Wenn Sie selbst von den Möglichkeiten der „Weiterbildung 3.0" überzeugt sind, dann werden Sie möglicherweise bald auch über passende Angebote für Ihre Mitarbeiter nachdenken. Das Kosten-Nutzen-Verhältnis und die Nachhaltigkeit von Mitarbeiterfortbildungen werden heute in vielen Unternehmen kritischer auf den Prüfstand gestellt als noch vor einigen Jahren. Ich rate bei Weiterbildung für Mitarbeiter allgemein dazu, mit Live-Veranstaltungen starke Impulse zu setzen und die Inhalte dann über Medien – insbesondere digitale, interaktive Medien – zu vertiefen.

Dieses „Blended Learning", die Mischung aus Präsenzveranstaltung und Nachbereitung online, führt nachweislich zu sehr guten Ergebnissen. Ich kann das aus eigener Erfahrung nur bestätigen. Mehrere Coaching- und Trainerausbildungen habe ich bei Trinergy in Wien gemacht. Es gab jeweils zunächst eine Vorbereitungsphase über die Internetseite, wo sich Videos, Charts und erste Tests finden. Zu den Präsenzwochen bin ich daher bereits mit Vorwissen und spezifischen Fragen nach Wien gereist. Am Anschluss an die Präsenzveranstaltungen ging es dann jeweils wieder online weiter, zunächst mit Seminar- und Projektarbeiten sowie schriftlichen Tests. Dann aber auch im virtuellen Austausch mit anderen Teilnehmern. In einer solchen Peergroup konnten wir das Gelernte schließlich auch gleich ausprobieren.

Für mich ist es heute keine Frage: Ich würde für meine Mitarbeiter jederzeit ähnliche Blended-Learning-Formate der Weiterbildung wählen. Das Lernen von Mensch zu Mensch mit allen seinen Vorteilen – wie etwa sozialer Kontakt, unmittelbarer Austausch, gegenseitige Unterstützung und Motivation – ist weiterhin gegeben. Aber die Reisezeiten werden gering gehalten und durch die zeitlich versetzte Vor- und Nachbereitung wird das Wissen tiefer verankert als im reinen Präsenzseminar.

Angebote für Mitarbeiter selbst erstellen

Neue Technologien ermöglichen es Unternehmen sogar, auf externe Schulungs- und Trainingsanbieter zumindest teilweise zu verzichten. Denn die neuen digitalen Medieninhalte sind ja nicht nur leicht erhältlich, sondern ebenso unkompliziert selbst zu erstellen. Von Firmenblogs und -wikis als Wissensspeicher war im Kapitel über Mediennutzung bereits die Rede. Noch einen Schritt weiter gehen Unternehmen, die für die Schulung und Weiterbildung ihrer Mitarbeiter eigene E-Books, Webinare, Videotrainings oder Webcasts erstellen. Dank der heute verfügbaren, leicht zu bedienenden Werkzeuge kann sich der dafür nötige einmalige Aufwand schnell bezahlt machen.

> **TIPP:**
> Informationen über die Möglichkeit, multimediale iBooks fürs iPad selbst zu erstellen, finden Sie unter 61.
>
>

Apple zum Beispiel bietet mit iBook Author eine kostenlose Software, mit der Sie interaktive digitale Bücher – die sogenannten iBooks – für das iPad selbst erstellen können. Galerien, Videos, interaktiven Diagramme, 3-D-Objekte oder mathematische Formeln lassen sich problemlos in diese interaktiven Lehrbücher integrieren. Vorlagen machen den Einstieg leicht. Stellen Sie sich nur einmal vor, neue Mitarbeiter oder Auszubildende könnten auf dem iPad einen virtuellen Rundgang durch Ihr Unternehmen machen und dabei bereits die wichtigsten Strukturen, Regeln und Abläufe kennenlernen. Das spart nicht nur teure Einarbeitungszeit durch erfahrene Mitarbeiter, sondern macht den Neulingen auch noch Spaß!

Lernumgebungen im Unternehmen aufbauen

Wer komplette Lernumgebungen im Unternehmen aufbauen möchte, muss nicht unbedingt das Rad neu erfinden, sondern kann dazu heute beispielsweise Online-Plattformen nutzen, die ihren Kunden eigene „Kanäle" für ihre Weiterbildungsangebote zur Verfügung stellen. BrightTALK (www.brighttalk.com) ist eine solche Plattform für Videos und Webinare und wird von Kunden wie Cisco, Hitachi, J. P. Morgan oder der AXA genutzt. BrightTALK ermöglicht es, professionelle Live-Webinare sowie abrufbare Videos zu erstellen und einem selbst definierten Nutzerkreis zur Verfügung zu stellen. Mithilfe von Analysefunktionen lässt sich auswerten, inwieweit Mitarbeiter die Angebote tatsächlich genutzt haben. BrightTALK hat darüber hinaus öffentliche Bereiche, in denen Nutzer an zahlreichen Webinaren anderer Anbieter teilnehmen können.

> **TIPP:**
> Infos zur Lernsoftware Moodle finden Sie unter 62.
>
>
>
> Infos zu Quadio gibt es unter 63.
>
>

Sie möchten Ihre Lernumgebung lieber inhouse aufbauen, um keine Informationen im Internet ablegen zu müssen? Kein Problem, denn hierzu gibt es geeignete Software. Das Programm Moodle ist sogar „open source", also kostenfrei erhältlich. Voraussetzung für die Installation von Moodle sind die Programmiersprache PHP und eine Datenbank, wie beispielsweise MySQL oder Oracle. Moodle errichtet dann im Intranet sogenannte „Kursräume". In diesen virtuellen Umgebungen werden Arbeitsmaterialien bereitgestellt und Lernaktivitäten verfolgt.

Jede Lerneinheit kann so konfiguriert werden, dass nur angemeldete Mitarbeiter zugelassen sind und diese ein Passwort eingeben müssen. Mit insgesamt 63,2 Millionen Nutzern im Jahr 2012 ist die Software Moodle weltweit bereits stark im Einsatz. Auch die Berliner Humboldt-Universität nutzt Moodle. Eine professionelle Alternative zu Moodle ist die Software Quadio. Dieses deutsche Produkt hat den Vorteil, bei der Installation nahtlos an das Corporate Design eines Unternehmens anpassbar zu sein.

Fazit: Zurzeit entsteht eine neue Welt der Weiterbildung, die mit den Anfängen des E-Learning nicht mehr vergleichbar ist. Zahllose Angebote lassen sich jederzeit auf digitalen Endgeräten nutzen. Besonders effektiv ist die Mischung aus Präsenzveranstaltungen und digitalen Begleitmaßnahmen.

13 Cloud richtig nutzen

Das Wichtigste im Überblick

→ Cloud-Dienste lagern Daten aus und halten diese synchron.
→ Auch Programme lassen sich über die Cloud mieten statt kaufen.
→ Zur Dropbox gibt es mit deutschen Servern gute Alternativen.
→ Sensible (Kunden-)Daten gehören nicht in die „öffentliche" Cloud.
→ Mitarbeiter sollten im Umgang mit der Cloud sensibilisiert werden.

War „Cloud-Computing" lange Zeit nur IT-Experten ein Begriff, so ist die „Wolke" spätestens seit der iCloud von Apple in aller Munde. Wieder einmal ist der Konzern aus Cupertino Vorreiter: Mit der iCloud müssen Apple-Kunden die Daten auf ihren Geräten nicht mehr mühsam per Kabel synchronisieren und sichern. Viele werden sich erinnern: Die ersten Versionen des iPhone funktionierten überhaupt erst, nachdem das Telefon per USB-Kabel an einen Rechner angeschlossen und dort in iTunes registriert worden war. Mit der iCloud das heute nicht mehr nötig. Alle wichtigen Daten liegen auf den zentralen Servern von Apple, mit denen die Endgeräte ständig über das drahtlose Internet kommunizieren.

Angenommen, Sie besitzen ein Notebook, ein iPad sowie ein iPhone und haben auf allen drei Geräten iCloud aktiviert. Wenn Sie jetzt auf einem der Geräte bei Apple Hörbücher, E-Books oder Musik kaufen oder

Podcasts abonnieren, dann haben Sie diese sofort auch auf den anderen Geräten parat. Sie finden zudem auf den mobilen Endgeräten immer dieselben Apps und aktuellen SMS-Nachrichten vor. Beantworten Sie eine SMS beziehungsweise iMessage auf dem iPad, erscheint der neue Text sofort auch auf dem iPhone. Die Datensicherungen erfolgen außerdem automatisch in die iCloud, sobald die mobilen Geräte mit dem Stromnetz verbunden, gesperrt und im WLAN sind. In einem Satz: Sämtliche Daten sind permanent zu 100 Prozent synchron.

So einfach müsste IT doch immer sein! Das Problem: Kaum irgendwo sonst findet sich ein so hermetisch geschlossenes System wie die Welt von Apple. Plattformübergreifende Cloud-Lösungen sind wesentlich schwieriger umzusetzen. Außerdem stellt sich zum Beispiel die Frage nach Datenschutz und Datensicherheit. Apple-Kunden müssen sich etwa darüber im Klaren sein, dass sie mit iCloud ständig Daten in die USA schicken. Doch der Reihe nach. In diesem Kapitel möchte ich zunächst auf die Grundidee und das Potenzial des „Cloud-Computing" näher eingehen. Danach werfe ich einen Blick auf empfehlenswerte Lösungen und Anbieter. Schließlich wird es darum gehen, was bei der Einführung von Cloud-Diensten zu beachten ist.

Wissenswertes über die Cloud

Ein wenig folgt die Cloud dem Motto „Zurück in die Zukunft" – denn die Grundidee ist alles andere als neu. Vor rund 20 Jahren habe ich bei der Mannesmann Datenverarbeitung GmbH gearbeitet, und dieses Rechenzentrum war letztlich auch nichts anderes als ein riesiger externer Speicher und Prozessor, der die Daten der angeschlossenen Kunden verarbeitete, sicherte und synchron hielt. Zwischenzeitlich kamen Rechenzentren aus der Mode, weil vernetzte einzelne Computer („Client-Server-Prinzip") gemeinsam eine Leistungsfähigkeit erreichten, von denen wir früher mit unseren schrankgroßen IBM-Computern nur träumen konnten. Heute ist das gute alte Rechenzentrum wieder da!

Breitbandige Datenübertragung, immer zahlreichere mobile Endgeräte, die synchronisiert werden müssen, sowie der langjährige Trend zu kostensenkendem IT-Outsourcing haben die Renaissance der zentralen Datenspeicher eingeleitet. Doch eines ist tatsächlich neu: Anders als beim Rechenzentrum vor 30 Jahren sind die Empfänger heute keine „dummen Terminals" mehr, sondern selbst smarte Computer! Dieses Zusammenspiel zwischen zentraler Server-Power und modernen, zunehmend mobilen Endgeräten ist besonders intelligent. Im Idealfall sind jederzeit an jedem Ort genau die gewünschten und aktuellen Daten vorhanden.

IaaS ist keine Raumstation ...

Cloud-Computing ist immer eine Dienstleistung. Niemand „organisiert" seine eigene „Wolke", sondern es gehört zu dieser Idee, Computerleistung als externe Dienstleistung in Anspruch zu nehmen. Cloud-Dienste unterscheiden sich wesentlich dadurch, in welchem Umfang IT an den Dienstleister abgegeben wird. Wird beispielsweise nur Speicherkapazität ausgelagert? Oder liegt auch die Software in der Cloud statt auf lokalen Festplatten und wird dem Endgerät über das Internet bereitgestellt? Von „IaaS" (Infrastructure as a Service) spricht man, wenn Dienstleister den Unternehmen lediglich Speicherplatz zur Verfügung stellen. Für die Anbieter ist auch das schon ein anspruchsvolles Geschäft. In riesigen Serverhallen werden tausende Terabyte Speicher bereitgehalten. Die Netzübertragungsleistung muss Engpässe ausschließen können. Schließlich sind die Investitionen in die Sicherheit enorm. Facebook hat übrigens ein Rechenzentrum am Polarkreis in Nordschweden errichtet – um bei den hohen Kosten allein für die Kühlung der Server ein bisschen sparen zu können.

Unterschiedliche Cloud-Dienste im Überblick

Je nachdem, was und wie viel an IT ausgelagert wird, lässt sich wie folgt unterscheiden:

- **IaaS:** *Infrastructure as a Service* stellt ausschließlich Serverplatz bereit. Beispiele: Amazon S3, MyDrive

- **SaaS:** *Software as a Service* verlagert (zusätzlich) Programme von den Festplatten der Endgeräte in die Cloud. Beispiele: Dropbox, Evernote, Microsoft Office 365
- **PaaS:** *Process as a Service* (auch: „BPaaS" für Business Process as a Service) gliedert vollständige Geschäftsprozesse und deren IT-Unterstützung aus. Beispiel: BINForce Pro

Geht es nicht um reinen Speicherplatz, sondern werden auch Programme als Dienstleistung bereitgestellt, heißt die Cloud „SaaS" (Software as a Service). Privatanwender können den Unterschied selbst erleben, wenn sie zum Beispiel MyDrive und Dropbox vergleichen. Der Schweizer Dienst MyDrive funktioniert praktisch wie eine Festplatte („Drive") im Internet, auf der man Daten ablegt. Dropbox ist zwar auch ein Speicher, stellt jedoch zusätzlich eine Software zur Dateiverwaltung und Synchronisation bereit, die teilweise auf den Rechnern der Kunden installiert wird. Mit Microsoft Office 365 kann schließlich sogar die komplette Bürosoftware über die Cloud bezogen werden. Noch weiter gehen nur Dienste, die komplette Prozesse, beispielsweise die Rechnungsstellung, bereitstellen. Diese Services heißen „PaaS" (Process as a Service).

Vorteile der Cloud

Für den einzelnen Anwender bringt die Cloud vor allem mehr Komfort. Wenn Sie ein Musikstück oder ein Hörbuch in Apple iTunes gekauft haben, finden Sie es sofort auf MacBook, iPad, iPhone und iPod touch vor, ohne die einzelnen Geräte manuell synchronisieren zu müssen. Oder wenn Sie eine Notiz am Schreibtisch in Evernote ablegen, können Sie später auch unterwegs mit dem Smartphone darauf zugreifen. Für ganze Unternehmen überwiegen hingegen die betriebswirtschaftlichen Argumente für die Cloud. Hohe IT-Investitionen sind oft die größte Wachstumsbremse. Wer IT „mietet" statt kauft, hat eine flexible Kostenstruktur und keine mehrjährigen Abschreibungen. Oft sind die Verträge sogar monatlich anpassbar. Updates der Software erfolgen automatisch und erfordern keine weiteren Investitionen. Schließlich kann eigenes Fachpersonal eingespart werden, wenn der Service inklusive ist.

Einige Anbieter stellen Unternehmen sogar eine eigene „Wolke", die sogenannte Private Cloud zur Verfügung. Hier wird vom Anbieter im Firmennetzwerk oder in dessen Rechenzentrum ein eigener, geschlossener Bereich geschaffen. Eine solche Private Cloud lagert das gesamte IT-Management zwar aus, belässt die Hoheit über die Daten jedoch komplett beim Auftraggeber. Das kombiniert die Vorteile beider Welten. Nutzen viele einzelne Personen die Cloud oder teilen sich mehrere Unter-nehmen die Dienste eines Anbieters, spricht man von einer „Public Cloud". Zwei der bekanntesten aktuellen Angebote im Bereich der „Public Clouds" sind die iCloud von Apple und die Dropbox.

Welcher Anbieter ist der richtige?

Mit Cloud-Diensten lagern Sie Bits und Bytes an externe Firmen aus – von wenigen persönlichen Notizen in Evernote bis hin zu Daten ganzer Geschäftsprozesse im Fall von PaaS. Wie praktisch wäre es, wenn Sie damit auch die Verantwortung für die Datensicherheit abgeben könnten! Doch die bleibt leider immer bei Ihnen als Führungskraft beziehungsweise bei Ihrem Unternehmen. Wer Dienstleister im IT-Bereich beauftragt, muss für die Folgen von Datenpannen trotzdem selbst geradestehen. Deshalb ist bei der Auswahl eines geeigneten Anbieters einiges an Sorgfalt gefragt. Wohlklingende Zertifikate sagen manchmal wenig aus, weil nur die Basics berücksichtigt werden und wichtige Punkte gar keine Rolle spielen. Bis eine europaweite Zertifizierung kommt, hat das Zertifikat Eurocloud Star Audit noch die strengsten und aussagekräftigsten Kriterien.

> **TIPP:**
> Lassen Sie sich zum Thema „Cloud" in Ihrem Unternehmen am besten persönlich beraten. Mehrere kleine und mittelständische Beratungsfirmen haben sich auf das Thema spezialisiert.

Wenn es nur um Ihre persönliche, tägliche Arbeit geht, interessiert Sie die Zertifizierung vielleicht gar nicht groß. Aber auch in diesem Fall sollten Sie sich drei Fragen stellen: Ist der Anbieter erstens seriös? Werden zweitens meine Daten verschlüsselt oder unverschlüsselt übertragen? Und wo liegen drittens meine Daten? Letztlich wird neben der Sicherheit immer das Preis-Leistungs-Verhältnis eine große Rolle spielen. Bei der

Abrechnung von Cloud-Diensten können sich Unternehmen aus unterschiedlichen Angeboten das für sie günstigste aussuchen. Geht es um reine Rechnerleistung, wird oft der Speicherplatz bzw. die Rechnerleistung monatlich berechnet. Software wird in der Regel nach Nutzerzahl in Rechnung gestellt. Und je nach Anbieter gibt es attraktive Komplettpakete. In den folgenden Absätzen gehe ich auf einige Angebote näher ein.

Einfache, standardisierte Angebote

Wenn Sie dieses Buch bis hierher aufmerksam gelesen haben, dann ist Ihnen die Dropbox bereits vertraut. Dropbox wurde 2007 von zwei Studenten am Massachusetts Institute of Technology (MIT) gegründet und hat seinen Firmensitz heute in San Francisco. Gegenüber „einfachem" Speicher im Internet, wie ihn beispielsweise die Schweizer Softronics AG mit MyDrive (www.mydrive.ch) oder der IT-Riese Amazon mit S3 (http://aws.amazon.com/de/s3) anbieten, hat die Dropbox einen entscheidenden Vorteil: Die Daten werden auf sämtlichen Endgeräten automatisch synchronisiert. Das funktioniert mit den Betriebssystemen Microsoft Windows, Apple OS und iOS, Linux, Android und Blackberry. Zusätzlich ist der Datenzugriff jederzeit über einen beliebigen Webbrowser möglich.

Ich nutze Dropbox selbst täglich und halte den Anbieter für seriös. Zur Datenspeicherung greift Dropbox übrigens auf S3 von Amazon Web Services zurück. Amazon S3 gilt als sehr zuverlässig. Allerdings hat Dropbox zwei Nachteile, die Sie sich bewusst machen sollten: Erstens stehen die Server in den USA, weswegen beispielsweise Mitarbeiter von deutschen Banken und Sparkassen aus Gründen der Compliance Dropbox in ihrem Job nicht nutzen dürfen. Und zweitens werden die Daten unverschlüsselt übertragen. Punkt eins können Sie nur als Tatsache akzeptieren. Punkt zwei lässt sich ändern, und zwar mit BoxCryptor.

TIPP:
Installieren Sie sich ein kleines Programm der Dropbox auf Ihrem Rechner, das Ihre Daten stets synchronisiert. Alternativ lässt sich Dropbox auch ausschließlich über den Webbrowser verwenden. Infos unter 64

TIPP:
Informationen zu BoxCryptor sowie die Möglichkeit zum sofortigen Download der deutschen Version finden Sie unter 65.

Die kleine Software BoxCryptor der deutschen Secomba GmbH verschlüsselt Ihre Daten vor der Übertragung an Dropbox, Google Drive, Amazon S3 oder (fast) jeden anderen Speicherort im Internet mit der empfehlenswerten AES-256-Bit-Verschlüsselung. Das Programm gibt es für Windows, Mac OS und iOS (also iPhone und iPad) sowie Google Android. Für Privatanwender ist BoxCryptor in der Basisversion kostenlos. Die Premiumversion, bei der auch die Dateinamen verschlüsselt werden, kostet fürs Business jährlich 72 Euro.

Checkliste Cloud-Anbieter

- Wo sitzt der Anbieter (Gerichtsstand)?
- Wo liegen die Daten (Deutschland, Europa, USA)?
- Welcher Datenschutz wird garantiert?
- Welche Kundenbewertungen hat der Anbieter?
- Wie ist das Angebot zertifiziert?
- Wie hoch ist die Datenübertragungsrate?
- Werden Daten verschlüsselt oder unverschlüsselt übertragen?
- Wie flexibel ist die Vertragsgestaltung?

Wer keine Daten in den USA ablegen möchte, sei es aus Gründen der Compliance, sei es aus Sorge angesichts der umfangreichen Zugriffsrechte amerikanischer Sicherheitsbehörden auf Daten, für den scheiden Dropbox, Google Drive oder Amazon S3 auch mit Verschlüsselung über BoxCryptor aus. Als mögliche Alternative bleibt dann zum Beispiel MyDrive in der Schweiz, allerdings unter Verzicht auf automatische Synchronisation. Besser ist da die Telekom Cloud der Deutschen Telekom. Wer als deutsches Unternehmen Daten in Deutschland behalten will oder muss, für den bietet schließlich der Hamburger Anbieter TeamDrive Systems (www.teamdrive.com/de) eine echte Alternative zur Dropbox –

einschließlich automatischer Synchronisation. Die Software für Windows, Mac und Linux sowie iOS und Android ermöglicht es sogar, eigene Server einzubinden. Werden Daten auf den Servern von TeamDrive gespeichert, so ist die AES-256-Bit-Verschlüsselung bei der Übertragung bereits inklusive. Das heißt, Sie benötigen BoxCryptor hier nicht.

Angebote für hohe oder spezielle Ansprüche

Bereits Lösungen wie TeamDrive markieren den Übergang zu spezialisierten Cloud-Angeboten, die sich den konkreten Bedürfnissen Ihres Unternehmens anpassen. Folio Cloud des österreichischen Anbieters Fabasoft zum Beispiel (www.foliocloud.com) richtet sich ausschließlich an Unternehmenskunden und bietet diesen zum Beispiel eine Wahlmöglichkeit, ob die Daten auf Servern in Österreich oder Deutschland gespeichert werden sollen. Außerdem können mit Folio Cloud komplette Ablagesysteme in einem Schritt vom Rechner in einen sogenannten Teamroom in der Cloud übertragen werden.

> **TIPP:**
> Die Berliner Strato AG bietet mit Strato HiDrive eine weitere empfehlenswerte Dropbox-Alternative. Daten werden verschlüsselt übertragen, unterschiedliche Nutzer können angelegt und verwaltet werden.
> Infos unter 66
>

Mit noch mehr Möglichkeiten warten schließlich die echten Cloud-Spezialisten auf. So bietet zum Beispiel das Offenbacher Unternehmen GIP komplette Personaldienstleistungen aus der Cloud und verschickt unter anderem rund 2,5 Millionen Gehaltsabrechnungen für Angestellte pro Monat. Die Grenzen zwischen Cloud-Computing und Outsourcing von Geschäftsprozessen sind hier fließend.

AES-256-Bit-AES-Verschlüsselung

Der Advanced Encryption Standard (AES) ist ein Verschlüsselungssystem, das im Jahr 2000 vom amerikanischen National Institute of Standards and Technology (NIST) veröffentlicht wurde und zu den besten der Welt zählt.

Erst zehn Jahre nach seiner Einführung wurde erstmals ein zumindest theoretischer Weg entdeckt, wie der Code zu knacken wäre. In der Praxis ist jedoch bisher noch kein einziger „Hack" bekannt geworden. AES ist in den USA für staatliche Dokumente mit höchster Geheimhaltungsstufe zugelassen. Der Standard ist von jedermann weltweit frei verwendbar. Je nach Länge des sogenannten Schlüssels von 128, 192 oder 256 Bit werden die drei AES-Varianten AES-128, AES-192 und AES-256 unterschieden. Mit einer AES-256-Bit-Verschlüsselung von Daten zur Cloud haben Sie demnach den größtmöglichen Sicherheitsstandard.

(Quelle: Wikipedia)

Auch für kleinere Unternehmen ist es bereits eine Überlegung wert, die Bürosoftware in die Cloud zu verlagern. Mit Office 365 verkauft Microsoft sein bekanntes Office-Paket an Unternehmen zunehmend als Abonnement in der Cloud. Es gibt Lösungen für kleine, mittlere und große Unternehmen, die je nach Leistungsumfang zwischen circa 3,50 und rund 20 Euro pro Benutzer und Monat kosten. Die Basis bildet Microsoft Exchange Server, ein Angebot, das Sie bereits aus den Kapiteln über E-Mails, Kalender und Adressbücher kennen. In der umfangreichsten Version, die auch für Unternehmen mit mehr als 50.000 Mitarbeitern geeignet ist, sind zunächst die bekannten Office Programme enthalten, also zum Beispiel Word, Excel, PowerPoint, OneNote, Outlook, Publisher und Access.

Detaillierte Informationen und alle Preise zu Microsoft Office 365 finden Sie unter 67.

Sämtliche Programme werden mit Office 365 stets in der aktuellsten Version bereitgestellt – worin ja gerade ein großer Vorteil von „Software as a Service" (SaaS) via Cloud besteht. Hinzu kommen Exchange Server (siehe Kapitel 1) und SharePoint (siehe Kapitel 14) für die Synchronisation von E-Mails, Adressbüchern oder Kalendern sowie den Austausch von Dateien. Zu den weiteren Extras zählen dann etwa E-Mail-Archivierung oder das Hosting von Webseiten und -unterseiten. Ebenfalls eine interessante Beigabe ist Microsoft Lync Client, eine Infrastruktur für Instant Messaging, IP-Telefonie, Video- und Web-Conferencing innerhalb des eigenen Unternehmens.

Einen heiklen Punkt gibt es bei Office 365, der bereits öffentlich kontrovers diskutiert wurde: Als amerikanisches Unternehmen steht Microsoft in dem Verdacht, US-Geheimdiensten auch auf in Europa gespeicherte Daten Zugriff zu verschaffen – obwohl dies nach internationalem Recht nicht erlaubt ist. Letztlich sollten Sie sich aber darüber im Klaren sein, dass auch deutsche Sicherheitsbehörden im Zweifel an alles herankommen, was Sie im Netz speichern. Ich finde, Unternehmen, die ethisch einwandfrei arbeiten, sollten diesen Punkt gelassen sehen.

Einführung von Cloud-Diensten in Unternehmen

In letzter Zeit mache ich bei Unternehmen häufig eine Beobachtung, die mich beunruhigt: Die Cloud wird weniger eingeführt, als dass sie sich einschleicht. Da sind zunächst Mitarbeiter, die private Smartphones, Tablets oder Ultrabooks mit zur Arbeit nehmen und geschäftliche Daten auf diesen Geräten verarbeiten. Diese werden dann oft ziemlich sorglos in Dropbox, Evernote oder Google Drive verschoben. Kaum jemand denkt darüber nach, dass die Übertragung unverschlüsselt erfolgt oder dass Kundendaten jetzt in den USA liegen – mit allen rechtlichen Konsequenzen. Aber selbst bei der „offiziellen" Einführung von Cloud-Diensten beschränken einige Unternehmen die Einweisung ihrer Mitarbeiter auf das Erlernen der Software. Die Bedienung stellt jedoch das geringste Problem dar. Viel wichtiger ist es, Mitarbeiter zu sensibilisieren und ihnen zu verdeutlichen, was bei der Nutzung der Cloud überhaupt geschieht und welche Risiken bestehen.

Daten nach Sensibilität klassifizieren

Eine Berufsgruppe, die schon lange mit Cloud-Computing vertraut ist, sind die Steuerberater. Bei dem Nürnberger IT-Dienstleister DATEV eG können sie sich über unternehmenseigene Leitungen und sogenannte VPN-Tunnel sicher in das Rechenzentrum einwählen. Der Schutz sensibler Mandanten-Daten ist ein wesentlicher Bestandteil des Geschäfts der DATEV. Um zu entscheiden, welche Sicherheitsanforderungen für welche Daten erfüllt sein müssen, teilt die DATEV sämtliche Daten ihrer

Kunden in drei Klassen ein. Daten der Klasse 0 sind öffentliche Daten, also zum Beispiel die Texte auf der Website eines Unternehmens oder die Beiträge und Kommentare im Kunden-Blog. Klasse 1 bedeutet interne, aber nicht personenbezogenen Daten. Beispiel: Raumbelegungspläne. In der Klasse 2 finden sich schließlich alle mandanten- bzw. kundenbezogenen oder mitarbeiterbezogenen Daten. Diese sind naturgemäß besonders sensibel.

Datenklassen nach DATEV

- Klasse 0 – öffentliche Daten, in der Regel übers Internet zugänglich
- Klasse 1 – interne, aber nicht personenbezogene Daten
- Klasse 2 – kunden- und mitarbeiterbezogene, hoch sensible Daten

Ich empfehle nicht nur Steuerberatern, Rechtsanwälten oder Wirtschaftsprüfern, die mit DATEV arbeiten, sondern sämtlichen Unternehmen, ihre Daten zumindest in diese drei einfachen Klassen einzuteilen. Je nach Klasse lässt sich dann entscheiden, welche Cloud-Dienste für diese Daten in Frage kommen und welche nicht. Öffentliche Daten, die beispielsweise auch auf Ihrer Website zu sehen sind, können Sie bedenkenlos unverschlüsselt an die Dropbox übertragen. Schließlich sind diese Daten im Internet auch nicht geschützt.

Bei Daten der Klasse 1 sollten Sie bereits darauf achten, dass die Übertragung in die Cloud mit AES-256-Bit-Verschlüsselung erfolgt. Da nutzen Sie also zum Beispiel TeamDrive – oder wenn die Dropbox, dann über BoxCryptor. Daten der Klasse 2 schließlich gehören überhaupt nicht in eine „Public Cloud". Wenn Sie Kundendaten oder Mitarbeiterdaten extern verwalten lassen, sollte dies nur über spezialisierte Dienstleister mit entsprechenden hohen Sicherheitsstandards geschehen.

Mitarbeiter sensibilisieren und schulen

Ich bin überhaupt kein Freund des Prinzips „Bring Your Own Device" – denn wenn Mitarbeiter ihre privaten Smartphones oder Tablets mit zur Arbeit nehmen, dann mag das zwar für die Firma auf den ersten Blick kostengünstig aussehen und für die Mitarbeiter praktisch sein, doch je mehr Daten über „Public Clouds" laufen, desto gefährlicher wird es für die Unternehmensdaten. Klären Sie Ihre Mitarbeiter über die Risiken auf und werben Sie für einen bewussten Umgang mit der Cloud. Es ist ja selten böser Wille im Spiel. Viele Mitarbeiter wissen schlicht nicht, dass ihre Daten zu Diensten wie Dropbox oder Google Drive unverschlüsselt übertragen werden oder die Synchronisation zwischen einem iPad und iPhone, die auf ein und demselben Schreibtisch liegen, möglicherweise über Server in den USA läuft.

Auch wenn die Vernunft es hier manchmal schwer hat: Oft ist es eben besser, unter Verzicht auf individuelle Vorlieben eine einheitliche und sichere Lösung für sämtliche Mitarbeiter im Unternehmen zu schaffen, als jedem das neuste „Spielzeug" zu gestatten. Auch wenn es hart klingt: Ich empfehle hier eindeutige Arbeitsanweisungen und schriftliche Überlassungsvereinbarungen mit den Mitarbeitern. Das klingt zunächst nach alten, autoritären Zeiten. Es geht hier jedoch nicht um Bevormundung, sondern lediglich um ein deutliches Signal angesichts des grassierenden Leichtsinns im Umgang mit neuen Technologien, die permanent Daten über die Cloud austauschen. Mitarbeiter, die sich schriftlich verpflichtet haben, sich im Umgang mit digitalen Endgeräten an gewisse Regeln zu halten, denken zumindest ein wenig mehr über die Risiken der Cloud nach.

Fazit: Cloud-Computing hält Daten äußerst komfortabel auf sämtlichen Geräten synchron und ermöglicht es, Software kostengünstig über das Internet zu beziehen oder ganze Prozesse darüber auszulagern. Beim Thema Sicherheit ist jedoch Sorgfalt erforderlich.

14 Smartes Dokumenten-Management

Das Wichtigste im Überblick

→ Zahlreiche elektronische Dokumente sind schlicht überflüssig.
→ Einheitliche Ablagestrukturen und ein Ablageplan schaffen Ordnung.
→ Ein betriebsbereiter, schneller Scanner gehört auf jeden Schreibtisch.
→ Wiedervorlage und Aussortieren sollten systematisch erfolgen.
→ Intranet und Datenräume ermöglichen sicheren Dokumentaustausch.

Als ich Ende der 1980er-Jahre Werkstudent bei Nixdorf war, wurden dort zwar Computer hergestellt, prägten aber den Büroalltag noch keineswegs so wie heute. Dokumente wurden nicht per E-Mail, sondern in Umlaufmappen verteilt. Deshalb konnte man auch nicht nach Belieben seine Kollegen „auf CC setzen". Eine Kopie war damals noch eine Fotokopie auf Papier. Zu dieser Zeit musste man in Unternehmen zum Fotokopiergerät im „Kopierraum" gehen, dort Kopien erstellen und sie dann in Umlauf bringen. Da überlegten es sich manche Mitarbeiter gut, ob von einem 20-seitigen Dokument wirklich fünf Kollegen eine Kopie brauchten. Manchmal zeigte sich, dass es auch ganz ohne Kopien ging.

Heute kostet es wenige Sekunden am Rechner, und ein Dokument geht an ein halbes Dutzend Empfänger als CC. Am nächsten Tag gibt es dann schon eine neue Dateiversion, und auch die wird wieder herumgeschickt. Dabei machen sich die wenigsten bewusst, dass E-Mails in aller Regel unverschlüsselt durchs Netz gesendet werden. Und was tut der Empfänger mit all den Dateiversionen und CCs? Leider gibt es in den wenigsten Unternehmen klare Regeln für die Ablage von Dokumenten, die für alle gelten. So bleibt es oft dem Zufall überlassen, ob ein Mitarbeiter eine Datei auf Anhieb wiederfindet – und ob es sich bei dem, was er gefunden hat, auch um die aktuelle Dateiversion handelt.

In diesem letzten Kapitel möchte ich Ihnen einige Anregungen für ein intelligentes Dokumenten-Management geben. Den einen oder anderen Aspekt kennen Sie vielleicht schon aus den vorherigen Kapiteln. Hier geht es noch einmal darum, wie Sie chaotische und überbordende Ablagen vermeiden, Dokumente aus Papier und digitale Dokumente sinnvoll integrieren und die digitalen Dokumente sicher mit anderen austauschen.

Effiziente Ablage von Dokumenten

In jeder halbwegs organisierten Buchhaltung gibt es einen Ablageplan. Andernfalls würde niemand etwas wiederfinden. Leider beschränkt sich das in vielen Unternehmen auf die Buchhaltung. Und das bedeutet einen großen Verlust an Effizienz. Zwar wird die Papierflut überall weniger, doch der scheinbar unbegrenzte und billige Speicherplatz führt zu immer mehr digitalen Dateien. Die wenigsten haben dafür eine zweckmäßige Strategie. Die Folge sind immer längere Suchzeiten nach Dokumenten, die dringend gebraucht werden. Oder der ursprüngliche Verfasser erhält gar die berüchtigte „Bitte-noch-mal-schicken"- Mail. Das muss nicht sein, wenn Sie ein paar Prinzipien beherzigen.

Die Ablage vereinheitlichen

Ein wichtiges Prinzip haben Sie bereits im Kapitel über E-Mails kennengelernt: Verwenden Sie auf allen Ebenen und für sämtliche Arten von Dokumenten dasselbe Ablagesystem! Papiere, digitale Dokumente, E-Mails sowie eventuell auch Notizen in Evernote oder OneNote finden sich dann immer in der gleichen „Baumstruktur". Erinnern Sie sich an das Beispiel aus Kapitel 1: Wenn es bei Ihnen einen Ordner „Anwälte" gibt, dann existiert dieser sowohl im Büroschrank als auch im Dateimanager auf dem Rechner (Windows Explorer oder Apple Finder) sowie schließlich im E-Mail-Programm. E-Mails der Anwaltskanzlei verschieben Sie in den E-Mail-Ordner „Anwälte" und eventuelle Datei-Anhänge speichern Sie in dem digitalen Dokument-Ordner „Anwälte".

Arbeiten Sie im Team und haben Sie in einem Workshop einen Ablageplan erarbeitet (siehe nachfolgender Kasten), dann sollte dieser Plan schriftlich vorliegen und jederzeit verfügbar sein. Sie können eine Tabelle erstellen – oder auch eine Mindmap. Mindmaps eignen sich besonders gut für Ablagepläne, da sie genau wie Dateisysteme mit einer Baumstruktur arbeiten. Sorgen Sie dafür, dass alle jederzeit Zugriff auf den Ablageplan haben. Dafür liegt er am besten auf einem Netzlaufwerk. Und zusätzlich in Ihrem Notizsystem, also zum Beispiel Evernote. Da sich Arbeitsabläufe heute regelmäßig ändern, sollte auch der Ablageplan regelmäßig überarbeitet und aktualisiert werden. In großen Unternehmen bietet es sich an, dafür eine Person zu beauftragen oder sogar eine Arbeitsgruppe zu bilden, die sich mehrmals im Jahr trifft, um die Ablagestrukturen zu überprüfen und bei Bedarf anzupassen.

Einen Ablageplan erstellen

Wenn Sie im Team arbeiten und es zwischen Ihnen und Ihren Mitarbeitern noch keine festen Regeln zur Ablage gibt, empfehle ich Ihnen, gemeinsam einen Ablageplan zu erstellen. Bewährt hat sich dafür ein Workshop. Setzen Sie sich einen Tag – alternativ zwei halbe Tage – zusammen und analysieren Sie zunächst, mit welchen Arten von Dokumenten Sie gemeinsam arbeiten. Diskutieren und entscheiden Sie dann, wie Sie mit welchen Dokumenten zukünftig umgehen möchten. Legen Sie eine einheitliche Ablagestruktur für Dateien, E-Mails und Papier fest. Und nummerieren Sie am besten auch gleich alle wichtigen Dateiorder und -unterordner, jeweils beginnend mit der vorangestellten „01", dann „02" usw.

Mich überrascht immer wieder, dass die wenigsten Computeranwender ihre Dateiordner nummeriert haben. Das heißt, sie überlassen es dem Zufall, in welcher Reihenfolge die Ordner nicht nur im Dateimanager, sondern auch bei jedem Speichern oder Aufrufen eines Dokuments in dem entsprechenden Fenster auf dem Bildschirm erscheinen. Das führt zu nervigem Suchen und Scrollen. Wenn Sie sämtliche Ordner und Unterordner nummerieren, können Sie diese nicht nur nach Priorität ordnen, sondern Sie prägen sich die Nummern Ihrer wichtigsten Ordner mit der Zeit auch ein und erhöhen so spürbar Ihr Tempo beim Aufrufen oder Speichern von Dokumenten.

> **TIPP:**
> Achten Sie bei der Nummerierung von digitalen Ordnern jeweils auf die führende Null bei den Ordnern 1–9. Sie nummerieren also: 01 (Ordnername), 02 (Ordnername) usw. Denn sonst würde Ordner zehn vor Ordner zwei sortiert!

Digitalisierung von Papierdokumenten

Im Jahr 1975 prognostizierte das amerikanische Wirtschaftsmagazin *Business Week* für die nahe Zukunft das „papierlose Büro". Das Schlagwort „Paperless Office" entstand in den USA sogar schon in den 1960er-Jahren. Mit dem Siegeszug des PC hielt man die Tage des Papiers in den Büros für gezählt. Doch zunächst trat sogar das Gegenteil ein: Die Allgegenwart von PCs und preiswerten Bürodruckern führte in den 1990er-Jahren sogar zu einer regelrechten Papierflut. Diese geht zwar heute wieder zurück, doch wird es in den Büros noch auf Jahre Papier geben. Das ist auch gar nicht schlimm, ja manchmal ist Papier sogar das ideale Medium. Das beste Beispiel halten Sie gerade in den Händen – gedruckte Bücher werden so schnell nicht aussterben. Smartes Dokumenten-Management bedeutet jedoch, Papierdokumente sinnvoll in eine digitale Umgebung zu integrieren.

Keine Frage, ein Buch stellen Sie weiter einfach ins Bücherregal. Aber wie sieht es mit Briefen auf Papier, Flyern, Angeboten, Merkblättern und so weiter aus? Genau wie Sie sich bei jeder neuen E-Mail zunächst fragen sollten, ob Sie diese nicht auch unverzüglich löschen können, stellen Sie auch hier als Erstes die Frage: Muss ich das behalten? Oder genügt es, die Information auf Papier zur Kenntnis zu nehmen? Erst wenn Sie sich gegen den Papierkorb und fürs Behalten entschieden haben, schließt sich die nächste Entscheidung an: Bewahre ich das Dokument auf Papier auf? Oder digitalisiere ich es und werfe das Original in den Papierkorb? Oder brauche ich beides: das Dokument auf Papier und eine digitale Kopie?

> **TIPP:**
> Schauen Sie sich doch einmal den ScanSnap von Fujitsu an. Infos unter 68
>
>

Ein schneller Scanner gehört auf jeden Schreibtisch! Eingehende Papierdokumente werden nach meiner Beobachtung oft nicht sofort gescannt, weil es zu mühsam erscheint. Hier fehlt es jedoch meistens nur an der richtigen Technik. Ein Multifunktionsdrucker, der im Schneckentempo scannt und möglicherweise erst noch über eine Software präpariert werden muss, eignet sich nicht für das Scannen im Büro. Auf jeden Schreibtisch gehört vielmehr ein schneller, kompakter Scanner, wie beispielsweise der ScanSnap von Fujitsu. Solche Scanner erfassen Papierseiten beidseitig in weniger als einer Sekunde. Das Gerät sollte immer eingeschaltet und mit dem Rechner verbunden sein. So lässt sich ein eingehendes Schriftstück getreu der „Zwei-Minuten-Regel" unverzüglich scannen. Benennen Sie den Scan anschließend sofort um und verschieben Sie das PDF in den richtigen Ordner

Manche Papierdokumente benötigen Sie nur einmal, zum Beispiel selbst ausgedruckte Bordkarten, Einlassdokumente für Veranstaltungen und so weiter. Es macht keinen Sinn, solche Dokumente zu scannen. Sie benutzen sie und werfen sie anschließend ins Altpapier. Quittungen, Belege, Garantiescheine und Ähnliches, aber auch einfache Briefe von Kunden oder Partnerunternehmen erfassen Sie am besten digital und werfen das Original weg. Auf Thermopapier gedruckte Quittungen sind ohnehin nicht lange haltbar. Denken Sie aber daran, Garantieunterlagen nach Ablauf der Garantiezeiten wieder zu löschen. Ganz wichtige Papierunterlagen, zum Beispiel Urkunden oder Steuersachen, sollten Sie sowohl digitalisieren als auch auf Papier aufbewahren. So sind diese Dokumente optimal gesichert.

Aussortieren und Archivieren

Speicherplatz wird immer billiger, die Festplatten werden immer größer, die Server immer leistungsfähiger – und die Dokumente werden immer mehr. Dieses Dilemma habe ich bereits in Kapitel 1 über die E-Mail beschrieben. Kaum haben sich Speicher- und Suchmöglichkeiten nochmals verbessert, produzieren wir schon wieder mehr Daten. Im Jahr 2012 erzeugte die Menschheit nach einer Schätzung des IT-Research- und Beratungsunternehmens Experton Group erstmals binnen Jahresfrist so viele Informationen wie in der gesamten Menschheitsgeschichte zuvor! Angesichts dieser enormen Datenflut hilft nur diszipliniertes Gegensteuern. Genau wie bei E-Mails gilt deshalb generell bei Dokumenten: So viel wie möglich wieder löschen!

Die goldene Regel des Dokumenten-Managements:

Wo du etwas ablegst, schaue zuerst, ob du etwas vernichten kannst.

Immer, wenn ich dabei bin, eine Datei in irgendeinen Ordner zu speichern, schaue ich zunächst, ob ich in demselben Ordner nicht zunächst eine andere Datei löschen kann, die ich nicht mehr brauche. Meistens finde ich auch etwas. Manchmal ist es schlicht eine ältere Version desselben Dokuments, das ich gerade speichere. Manchmal ist es aber auch „alter Kram", der sich längst erledigt hat, mir aber nicht aufgefallen wäre, wenn ich nicht gezielt nach Löschmöglichkeiten geschaut hätte.

Mit diesem permanenten Aussortieren bei jedem Speichern schaffen Sie schon sehr viel Ordnung. Ich sortiere zusätzlich noch sporadisch aus, wenn

TIPP:
Zum Ablagesystem Mappei gibt es eine obligatorische Beratung. Classei lässt sich einfacher bestellen und kommuniziert seine Preise transparenter. Davon abgesehen sind sich die Produkte sehr ähnlich.

Infos zu Mappei finden Sie unter 69.

Infos zu Classei gibt es unter 70.

es sich während Reise- oder Wartezeiten anbietet. Am Abfluggate am Flughafen oder im Zug nach Seminaren schaue ich zunächst, welche E-Mails ich löschen kann und dann noch, ob es irgendwo einen Dokumentenordner gibt, in dem ich mal wieder aufräumen sollte. Da ich alle Ordner über Exchange synchronisiert habe, kann ich auch auf meinen mobilen Endgeräten aufräumen. Doch auch am Rechner im Büro werden Sie bestimmt hin und wieder ein paar Minuten Zeit zum „Ausmisten" finden.

Bitte keine Pultordner mehr!

Auf manchen Schreibtischen sehe ich immer noch die guten alten Pultordner für Papierdokumente. Manche sehen zwar elegant aus, sind aber unpraktisch. Die meist 31 Fächer werden einfach zu selten umsortiert, und so wird der Ordner immer dicker. Auf Anhieb findet man dann kaum etwas. Wer mit Wiedervorlagesystemen von Mappei oder Classei arbeitet, hat dieses Problem nicht. Die Hochkant-Kästen mit ihren 31 Registertaschen lassen sich nicht nur perfekt einsehen, sondern auch mit einem Farbsystem ordnen. Ich zum Beispiel habe unterschiedliche Farben für Kunden, Interessenten oder Vorträge.

Manche Dokumente werden Sie nicht löschen, sondern dauerhaft archivieren wollen. Hierfür gibt es smarte Lösungen, eine davon heißt Easy Archiv. Die Easy Software AG aus Mülheim an der Ruhr zielt damit auf Kunden aus dem Mittelstand. Mit der Easy Software lassen sich Dokumente gemäß der deutschen Steuergesetzgebung und internationaler Revisionsstandards digital archivieren. Nach der aktuellen Gesetzgebung müssen Unternehmen zahlreiche digitale Dokumente auswertbar, das heißt in maschinenlesbarer Form, speichern. Gleichzeitig sind zum Beispiel Notare verpflichtet, Mandanten-Akten in vorgeschriebenen Abständen zu vernichten.

Smarte Lösungen wie Easy Archiv (www.easy.de) machen es einfacher, diese Vorgaben zu erfüllen. Zwar behalten Sie auch in diesem Fall die

Verantwortung für Ihre Daten. Der Anbieter sorgt aber dafür, dass das System sich neuen gesetzlichen Bestimmungen anpasst. Allerdings gilt auch hier: Die IT ist immer nur so gut oder schlecht wie der Ordnungssinn der Anwender. Auch ein Archivsystem „schafft" keine Ordnung, sondern benötigt eine saubere Grundstruktur, die Sie dem System selbst verleihen.

> **TIPP:**
> DATEV DMS classic pro ist eine weitere smarte Lösung zum Archivieren und Verwalten sämtlicher Dokumente und Belege. Die Dateien werden hier in sogenannten elektronischen „Geschäftspartner-Akten". abgelegt. Infos unter 71
>
>

Schneller und sicherer Dokumentenaustausch

Rohrpost war vor 150 Jahren die neueste Technologie. Das erste System wurde 1853 in London errichtet, Wien und Berlin folgten in den Jahren 1875 beziehungsweise 1876. Jeweils in den gesamten Stadtgebieten entstanden Rohrpostanlagen, die teilweise mehrere hundert Kilometer lang waren. Die Technik folgte dem seit Urzeiten bekannten Prinzip des Blasrohrs: Dokumente wurden in Büchsen gepackt und dann mittels Über- bzw. Unterdruck durch die Röhre gepustet. Es entstanden bald auch kleinere Anlagen, die das Verschicken von Rohrpost innerhalb eines Gebäudes oder zwischen mehreren benachbarten Gebäuden einer Firma erlaubten. Damals eine Sensation! Doch warum erzähle ich Ihnen heute diese Geschichte?

Nun, das 19. Jahrhundert ist zwar lange vorbei, dennoch habe ich manchmal den Eindruck, als gäbe es in unseren Büros immer noch Rohrpost. Zwar arbeitet diese nicht mehr mit Über- und Unterdruck, sondern über das Internet. Auch sind die Dokumente nicht mehr aus Papier, sondern digital. Aber sonst scheint sich nicht viel geändert zu haben: Man schreibt einen (elektronischen) Brief, adressiert ihn, hängt verschiedene Dokumente an – und ab geht die Post an den Adressaten. Sogar wenn dieser im selben Haus sitzt und Zugriff auf dieselben Server besitzt. So haben wir die Rohrpost digitalisiert. Aber die wirklichen Möglichkeiten digitaler Technologien nutzen wir nicht!

Intranet statt E-Mail

Der Dokumentenaustausch innerhalb eines Unternehmens, erst recht innerhalb von einzelnen Teams, sollte besser nicht per E-Mail, sondern über das Intranet erfolgen. So lassen sich Dokumente gemeinsam nutzen, ordnen und verwalten. Die Unkultur massenhafter CCs und immer neuer Dateiversionen hat so keine Chance mehr. Es gibt sehr gute Intranet-Lösungen, mit denen sich gemeinsam Dokumente verwalten lassen. Eine der bekanntesten und verbreitetesten ist SharePoint von Microsoft. Das 2001 erstmals vorgestellte Programm ist in den letzten Jahren immer stärker erweitert worden. Dokumentenaustausch ist nur eine der zahlreichen Funktionen.

> **TIPP:**
> Alle Infos zu Microsoft SharePoint finden Sie unter 72.
>
>

Bei SharePoint dreht sich alles um die gemeinsame Nutzung von Technologie. Dokumenten-Management und Contentmanagement, beispielsweise für das Intranet, zählen ebenso dazu wie Projektarbeit, Aufgabenkoordination und Kalenderverwaltung. Hinzu kommen Diskussionsforen, Blogs, Wikis – also die gesamten Welt der unternehmensinternen Social Media. Die Funktion Insights erlaubt es schließlich, Unternehmensdaten aus unterschiedlichen Quellen zusammenzustellen, grafisch aufzubereiten und für verschiedene Nutzer freizugeben. So können zum Beispiel Excel-Tabellen direkt in die Oberfläche von SharePoint integriert werden.

In einem Unternehmen, das Microsoft SharePoint oder eine ähnliche Software – wie beispielsweise Intrexx – installiert hat, dient die E-Mail nur noch der Kommunikation mit Kunden und anderen Externen. Innerhalb des Unternehmens läuft nicht nur die gesamte Kommunikation über das Intranet, sondern auch die Vergabe von Ressourcen und der Austausch von Dokumenten. SharePoint besitzt selbstverständlich Schnittstellen zu allen bekannten Office-Produkten, sodass beispielsweise Word-Dokumente oder Excel-Tabellen direkt aus der Anwendung heraus mit anderen Mitgliedern einer Projektgruppe oder Teilnehmern eines Meetings geteilt werden können. Wenn dann noch die Arbeitsorganisation effektiv ist, sorgen beauftragte Mitarbeiter dafür, dass Prospekte, Verkaufsmaterialien oder Standard-Folien für Präsentationen immer auf dem neuesten Stand sind. Alle Mitarbeiter finden so im Intranet stets die aktuellste Version sämtlicher Dokumente für ihren nächsten Termin vor.

Dokumentenaustausch über das Internet

Viele sind es mittlerweile gewohnt, Dokumente per E-Mail auszutauschen. Geschieht dies unverschlüsselt, so besteht ein erhebliches Sicherheitsrisiko für Unternehmen. Vertrauliche Dokumente sollten niemals unverschlüsselt per E-Mail versandt werden. Auch nicht „hausintern", denn die E-Mail geht ja beispielsweise auch dann den Weg über das Internet, wenn der Empfänger im Büro zwei Etagen tiefer sitzt. Bei „öffentlichen" Cloud-Diensten sieht es nicht besser aus. Die Übertragung zu Dropbox, Microsoft Skydrive oder Google Drive erfolgt unverschlüsselt, sofern Sie nicht BoxCryptor verwenden (siehe Kapitel 13). Verschlüsselte Dokumente können Sie jedoch nicht mehr einfach mit jedem anderen Internetnutzer austauschen. Deshalb gilt generell: Nutzen Sie Dienste wie Dropbox oder Google Drive ausschließlich für Dokumente der DATEV-Klasse 0, also nur für Daten, die ohnehin öffentlich sichtbar sind.

> **TIPP:**
> Wer Microsoft nicht mag oder US-Firmen nicht vertraut, der findet mit Intrexx Professional des Anbieters United Planet eine Alternative zu SharePoint aus Deutschland. Infos unter 73
>
>

E-Mails verschlüsseln

In Unternehmen gibt es oft Widerstände gegen das Verschlüsseln von E-Mails. Das sei zu kompliziert, heißt es dann. Dabei machen sich die wenigsten Mitarbeiter bewusst, dass sie eine E-Mail im Regelfall vollkommen ungesichert über das Internet schicken. Das ist ungefähr so, als würden Sie wichtige Informationen auf Papier als Postkarte statt im verschlossenen Umschlag versenden. Es gibt ganz unterschiedliche Varianten der Verschlüsselung. So können zum Beispiel zwischen Sender und Empfänger Zertifikate ausgetauscht werden. Bei der serverbasierten Verschlüsselung hingegen erhalten die externen Adressaten zunächst eine Benachrichtigung, dass E-Mails für sie bereitliegen. Die Empfänger loggen sich dann mit einem Passwort auf dem Firmenserver ein und können anschließend die E-Mails lesen. Datensicherheit sollte einen kleinen Zwischenschritt wert sein.

Manchmal ist es nötig, Dokumente auch mit Externen sicher auszutauschen. Beispiele sind die Vorbereitung von Aufsichtsratssitzungen, die Einbindung von Unternehmensberatungen in Projekte oder die Zusammenarbeit mit Wissenschaftlern in forschungsintensiven Industriezweigen. Hier kommen Sie auch mit verschlüsselten E-Mails nicht viel weiter. Die Lösung heißt „virtueller Datenraum". In einer solchen digitalen Umgebung werden Dokumente auf einem Server bereitgestellt, der nicht über eine normale Internetverbindung erreichbar ist. Die Dokumente werden verschlüsselt hinterlegt und über Passwörter gesichert. Brainloop (www.brainloop.de) ist ein deutscher Anbieter für komplette virtuelle Datenraumlösungen. Den Zugang über den PC ergänzt hier eine eigene App für das iPad.

Fazit: Mit einheitlichen Strukturen und gemeinsam erstellten Ablageplänen lässt sich die Datenflut bewältigen. Smarte Technologien erlauben es, Dokumente schnell und sicher über Intranet und Internet auszutauschen sowie gemäß den gesetzlichen Vorschriften digital zu archivieren.

„Making of" – so ist dieses Buch entstanden

Sie halten ein Buch in Händen, das nicht nur von „Smart Working" handelt, sondern auch selbst ein Ergebnis davon ist. Smart Working bedeutet, wie Sie in 14 Kapiteln gelesen haben, vor allem dreierlei:

- Sie speichern erstens Daten an einem Ort und greifen mit sämtlichen Endgeräten darauf zu.
- Zweitens arbeiten Sie mit einer für Sie passenden Kombination aus Papier und Elektronik.
- Drittens schließlich nutzen Sie bewährte und neue Tools, um noch effizienter im Team zu arbeiten.

Genau so ist die allererste Grobversion dieses Buches innerhalb von drei Monaten entstanden. Angesichts eines vollen Terminkalenders, mit vielen Kundenterminen sowie Auftritten als Speaker hätte ich das weder ganz alleine noch ohne smarte Tools in diesem Zeitrahmen geschafft. Die Lösung hieß deshalb „Teamwriting". Das ist ein kollaborativer Schreibprozess, bei dem alle Beteiligten ihre Stärken einbringen. In diesem Fall waren wir zu zweit – mein Teamwriter Achim, ein Buchprofi mit über zehn Jahren Erfahrung, und ich. Meine Stärke: detailliertes Wissen zum Thema. Seine Stärke: Texte strukturieren und formulieren.

In einem eintägigen Konzept-Workshop haben wir zunächst Themenzuschnitt, Arbeitstitel, Gliederung und Kernaussagen festgelegt. Zu jedem der 14 Kapitel habe ich dann eine große Mindmap mit sämtlichen Inhalten in Stichworten und unfertigen Sätzen erstellt. Die Mindmaps standen für meinen Teamwriter in der Dropbox als PDF zum Download bereit.

Während zweistündiger Telefonmeetings haben wir dann jedes Kapitel ausführlich diskutiert. Wir haben Gedanken ausgetauscht und gemeinsam weitere Unterthemen, Beispiele und Tipps festgehalten. Ich habe die Mindmap daraufhin nochmals ergänzt. Achim hat parallel Notizen gemacht und unser Telefonat digital aufgezeichnet. Bereits durch den telefonischen Austausch mit einem Sparringspartner ist die inhaltliche Qualität viel besser geworden, als wenn ich für mich allein geschrieben hätte.

Nach den Telefonaten hat mein Teamwriter dann jeweils auf der Basis der Mindmap, der Audiodatei, seiner eigenen Notizen und den von mir angegeben Quellen Formulierungsvorschläge für die Kapitel gemacht. Jeden Textvorschlag habe ich in Microsoft Word überarbeitet, ergänzt und mit weiteren Vorschlägen versehen. Nach mehreren Überarbeitungsschleifen waren wir schließlich so weit, das Manuskript beim Verlag abzugeben. Dort wurde zunächst ein Lektor beauftragt, den Text noch einmal auf Unstimmigkeiten zu durchsuchen und zu glätten. Später gab es dann noch das sogenannte „Korrektorat", bei dem der Verlag letzte Rechtschreib- und Tippfehler beseitigt.

Ich bin begeistert von der Schnelligkeit und Qualität des „Teamwritings" mit neuen Technologien und werde meine nächsten Bücher wieder so schreiben.

In diesem Sinne wünsche ich auch Ihnen ganz persönlich viel Spaß und Erfolg beim Smart Digital Working.

Ihr
Thorsten Jekel

Literaturverzeichnis und Quellen

1. Bücher

Allen, David: *Wie ich die Dinge geregelt kriege. Selbstmanagement für den Alltag.* Piper, München/Zürich 2007

Blanchard, Kenneth; Oncken, William; Burrows, Hal: *Der Minuten-Manager und der Klammer-Affe. Wie man lernt, sich nicht zu viel aufzuhalsen.* Rowohlt, Reinbek bei Hamburg, 2. Auflage 2002

Collins, Jim: *Der Weg zu den Besten: Die sieben Management-Prinzipien für dauerhaften Unternehmenserfolg.* Campus, Frankfurt am Main/New York 2011

Covey, Stephen R.: *Die 7 Wege zur Effektivität: Prinzipien für persönlichen und beruflichen Erfolg.* GABAL, Offenbach, erweiterte und überarbeitete Neuausgabe 2009

Covey, Stephen R.: *Führen unter neuen Bedingungen: Sichere Strategien für unsichere Zeiten.* GABAL, Offenbach 2010

Ferriss, Timothy: *Die 4-Stunden-Woche: Mehr Zeit, mehr Geld, mehr Leben.* Econ, Berlin 2008 (als Taschenbuch 2011 bei Ullstein, Berlin)

Friedrich, Kerstin; Malik, Fredmund; Seiwert, Lothar J.: *Das große 1x1 der Erfolgsstrategie. EKS® – Erfolg durch Spezialisierung.* GABAL, Offenbach 2009

Hertramph, Herbert: *Mit Evernote Selbstorganisation und Informationsmanagement optimieren.* mitp Verlag, Heidelberg u. a. 2012

Knoblauch, Jörg; Hüger, Johannes; Mockler, Marcus: *Dem Leben Richtung geben. In drei Schritten zu einer selbstbestimmten Zukunft.* Heyne, München 2009

Küstenmacher, Werner Tiki; Seiwert, Lothar J.: *simplify your life. Einfacher und glücklicher leben.* Campus, Frankfurt am Main/New York, 16. Auflage 2004

Kurz, Jürgen: *Für immer aufgeräumt. Zwanzig Prozent mehr Effizienz im Büro.* GABAL, Offenbach 2007

Münk, Katharina (d. i. Petra Balzer): *Und morgen bringe ich ihn um! Als Chefsekretärin im Top-Management.* Eichborn, Frankfurt am Main 2006

Münk, Katharina (d. i. Petra Balzer): *Denn sie wissen nicht, was wir tun: Was Chefs über ihre Sekretärinnen wissen sollten.* dtv, München 2012

Seiwert, Lothar J.: *Das neue 1x1 des Zeitmanagement.* Gräfe und Unzer, München 2007

Seiwert, Lothar J.; Jekel, Thorsten; Dirkes, Christoph: *Zeitmanagement mit dem iPad. Die besten Wege, um wirklich Zeit zu sparen.* Südwest, München, 2. Auflage 2011

Tracy, Brian: *Eat that Frog. 21 Wege, um sein Zaudern zu überwinden und in weniger Zeit mehr zu erledigen.* GABAL, Offenbach 2007

2. Online-Quellen

Barcklow, David: *Lean Office – Der Produktivitätssprung in der Verwaltung* (darin: Sieben Arten der Verschwendung)
http://www.ibo.de/download/Lean-Office-Produktivitätssprung-der-Verwaltung.pdf

BITKOM-Arbeitskreis Social Media: *Social Media Guidelines. Tipps für Unternehmen*
https://www.sicher-im-netz.de/files/documents/unternehmen/BITKOM-SocialMediaGuidelines.pdf

Bouhs, Daniel: *Twitter, Facebook und Co.: Was die Bahn vom Zwitschern hat*
http://www.spiegel.de/reise/aktuell/wie-die-bahn-und-lufthansa-mit-kritik-bei-twitter-und-facebook-umgehen-a-836992.html

Hegenauer, Michael: *Fast jede sechste Reise wird im Internet gebucht*
http://www.welt.de/reise/article13910555/Fast-jede-sechste-Reise-wird-im-Internet-gebucht.html

Lim, Jason: *Evernote's Amazing Success Story with CEO Phil Libin*
http://technode.com/2012/05/10/gmic-evernotes-amazing-success-story-with-ceo-phil-libin/

N.N.: *Intranet Blogs hit critical mass*
http://www.prescientdigital.com/articles/intranet-articles/intranet-blogs-hit-critical-mass/

N.N.: *Olympia mehr im Internet als im Fernsehen*
http://www.computerwoche.de/netzwerke/web/2512232/
Nägler, Wera: *Termine mit Papierkalender planen – ist das peinlich?*
http://www.experto.de/b2b/organisation/bueroorganisation/
termine-mit-papierkalender-planen-ist-das-peinlich.html
Rahayel, Oliver: *Wie die Cloud funktioniert*
http://www.ftd.de/it-medien/:grundlagen-wie-die-cloud-funktioniert/70110420.html
Reppesgaard, Lars: *Die Cloud als Superrechner für alle*
http://www.ftd.de/it-medien/:big-data-die-cloud-als-superrechner-fuer-alle/70107609.html
Rose, Norm: *Geschäftsreisen in Europa – Aktuelle Trends*
http://de.eu.sabretravelnetwork.com/images/uploads/collateral/TN
EMEA-10-12978_GT_DE_051110.pdf
Seer, Marcel: *Mobile-Boom hält an: Bald mehr Geräte als Menschen* (darin: Cisco Studie mobile Endgeräte)
http://t3n.de/news/mobile-boom-halt-an-bald-mehr-366987/

3. Webadressen

1. www.jekelpartner.de/digitalworking
2. www.kerio.com/connect
3. www.dropbox.com
4. www.photosync-app.com
5. www.visionobjects.com/de
6. www.pmcc-consulting.com/index_de.php
7. www.yammer.com
8. www.sicher-im-netz.de
9. www.facebook.com/dm.Deutschland
10. www.facebook.com/VobaBuehl
11. https://ifttt.com
12. www.omnigroup.com/omnifocus
13. www.briantracy.com
14. www.gunkel-consulting-shop.de/product_info.php/info/p47_luckpad–der-gluecksnavigator-reg–Das-Kalendersystem.html
15. www.meineziele.info
16. http://freemind.softonic.de/

17. www.jekelpartner.de/digitalworking-masterplan/
18. www.hichert.com/de/success
19. www.roambi.com/de
20. www.tempus.de
21. www.sunbird-kalender.de
22. www.ecoline-media.de/ics/
23. https://itunes.apple.com/de/app/birthdayspro-fur-facebook/id382412235?mt=8
24. www.getcoldturkey.com
25. www.amazon.de/Eat-that-frog-GABAL-Business/dp/3897492008/ref=sr_1_1?ie=UTF8&qid=1368462204&sr=8-1&keywords=eat+that+frog+book&tag=651998669-21
26. www.strandschicht.de
27. www.appfluence.com
28. www.airset.com
29. https://cobook.co
30. http://bitcard.de
31. www.logitech.com/de-de/product/ultrathin-keyboard-cover
32. https://itunes.apple.com/de/app/documents-to-go-premium-office/id317107309?mt=8
33. https://itunes.apple.com/de/app/hotspot-login/id406968533?mt=8
34. www.skyscanner.de
35. www.seatguru.com
36. www.fuer-immer-aufgeraeumt.de
37. www.amazon.de/Und-morgen-bringe-Chefsekret%C3%A4rin-Top-Management/dp/3821856335?tag=651998669-21
38. https://itunes.apple.com/de/app/dragon-dictation/id341446764?mt=8
39. www.nuance.de
40. www.ebuero.de
41. http://sharepoint.microsoft.com
42. www.nch.com.au/pocket
43. https://itunes.apple.com/de/app/kindle/id302584613?mt=8
44. www.boersen-zeitung.de
45. https://itunes.apple.com/de/app/flipboard-deine-soziale-nachrichten/id358801284?mt=8

46. www.save.tv
47. www.gedankentanken.com
48. https://itunes.apple.com/de/app/jasmine-youtube-client/id554937050?mt=8
49. https://itunes.apple.com/de/app/the-huffington-post/id306621789?mt=8
50. https://itunes.apple.com/de/app/itunes-u/id490217893?mt=8
51. http://office.microsoft.com/de-de/onenote
52. http://evernote.com/intl/de/
53. https://itunes.apple.com/de/app/evernote/id281796108?mt=8
54. https://itunes.apple.com/de/app/mobilenoter-for-ipad/id364887170?mt=8
55. www.amazon.de/Evernote-Selbstorganisation-Informationsmanagement-optimieren-Anwendungen/dp/3826692748?tag=651998669-21
56. http://blog.evernote.com
57. http://notieren.de
58. http://de.babbel.com
59. https://read.amazon.com/about
60. www.video2brain.com/de
61. www.apple.com/de/ibooks-author
62. www.moodle.de
63. www.quadio.de
64. www.dropbox.com/install
65. www.boxcryptor.com/?lang=de
66. http://www.strato.de/online-speicher
67. www.microsoft.com/Office365
68. http://scanners.fcpa.fujitsu.com/scansnapit/DE
69. www.mappei.de
70. www.classei.de
71. www.datev.de
72. http://sharepoint.microsoft.com
73. www.unitedplanet.com/de/intrexx-6

Stichwortverzeichnis

A
Abels, Dirk 20
Ablageplan 189, 190
Ablagesystem 12, 14, 16, 189
Abstracts 166, 171
Adobe Ideas 34, 134
Adressbuch 97, 98, 107
Adressbuch-Apps 100
Adressbücher synchronisieren 99
Adressdaten aus Social Media 100
Adress-Datenbank 101
Adressdatenpflege 105
Adressen 98
Adressen, Umgang mit 98
AES-256-Bit-AES-Verschlüsselung 183
AES-256-Bit-Verschlüsselung 182
Allen, David 15, 55, 90
Anrufe selektieren 131
Apple iWork und Microsoft Office 113
Arbeitsblock 17, 18
Archivieren 193
Assistenz 16, 125
Assistenz als Kommunikationszentrale 133
Assistenz, Effektivität 127
Assistenz-Pool 126, 133
Assistenz, Unterstützung durch Dienstleister 129
Assistenz, Zusammenarbeit mit 133, 135
Audios 171
Aufgaben 23, 54
Aufgabenverwaltung 95
Aufräum-Aktion (Adressen) 99
Aussortieren 193
Autoresponder 18
Autovermietungen 122

B
Balzer, Petra 125
Betreffzeile 21
Birkenbihl, Vera F. 165, 170
bitCard 106
Blended Learning 165, 173
Blog 147, 148
Blogosphäre 147
BoxCryptor 181, 182
Briefpost 24

Bücher 138, 169
Buchzusammenfassungen 166, 171
Büro-Kaizen 127
Büromaterial 132

C
Car-Sharing 123
CC-Manie 23
Clipping 157
Cloud 30, 176
Cloud-Anbieter 180, 182
Cloud-Angebote, spezialisierte 183
Cloud-Computing 176, 178
Cloud-Dienste 178
Cloud, Einführung ins Unternehmen 185
CloudOn 114
Cloud, Risiken 185
Cloud-Spezialisten 183
Compliance 45, 77, 107, 181

D
Dateimanager-Apps 115
Datenflut 193
Datenklassen (DATEV) 186
Datenraum, virtueller 198
Datenzugriff 114
Demokratisierung des Wissens 169
Dienstleister für Sekretariat 127
Digitale Formate 141
Diktate 136
Dirkes, Christoph 112
Dokumente 162

Dokumentenaustausch 195, 196
Dokumentenaustausch über Internet 197
Dokumenten-Management 188
Dokumentensicherung 192
Dokumente, sicherheitskritische 115
Dokumente, unkritische 114
Doodle 28
Dropbox 30, 181
Dubletten 108

E
E-Book 139, 169
eBuero 131
E-Learning 165
E-Mail-Flut 11, 16, 20
E-Mails, Bearbeitungszeitpunkt 18
E-Mails, BeNiMm-Regeln 19
E-Mails, löschen 21, 22
E-Mails, richtig ablegen 22
E-Mails, Umgang im Urlaub 19
E-Mails, Umgang mit 13, 16
Employability 164
Erwartungsmanagement 21
Evernote 151, 154, 156, 158
Exchange 25, 27, 99, 156

F
Fahrplanauskunft 122
Fernsehen 143, 145
Fernzugriff auf Rechner 116
Ferriss, Timothy 18, 89
Flipboard 143
Frädrich, Stefan 146

G

Geburtstage 103
Geschäftsreisen 132
Gesprächsnotizen 161
GetAbstract 165, 167
GIGO 97
Google News 143

H

Hertramph, Herbert 158
Hotspot Finder 117
Hotspots 116, 118
Houston, Drew 30
Huffington, Arianna 148

I

iBook Author 174
iCloud 99
Intranet 29, 196
iTunes U 165, 167, 168

J

Jobs, Steve 143

K

Kerio Connect 25
Knoblauch, Jörg 58, 63, 129
Kontaktpflege 103
Kontaktquelle 104
Król, Joachim 109
Kurz, Jürgen 15, 27, 127, 128
Küstenmacher, Tiki 15

L

Lebensbereiche 15
Lerngemeinschaften 172
Lernumgebungen im Unternehmen 174
Lernumgebungen inhouse 174
Lesegerät für E-Books 139
Listen 161
Livestreams 144

M

Mai, Jochen 148
Mailprogramm 14
Medialer Müll 138
Mediathek 144, 145
Medien 137
Medienarchiv 157, 158
Medieninhalte 150
Meeting-Agenda 32, 33
Meeting-Organisation 31
Meeting-Protokoll 32, 33
Meeting, Rollen 31
Meetings 26
Meetings planen und vorbereiten 27
Meeting-Unkultur 26
Messebesuch 160
Mindmap 190
Mitarbeiterschulung 172, 187
MobileNoter 156
Mobilfunkkarte 118
Moderator 31
Moleskine 58, 157
Morse-E-Mail 30
Mossberg, Walt 147

N

Navigationssysteme 122
Netzabdeckung 119
Netzqualität 119
NINO 97
Notizblock, digitaler 151, 154

Notizen, digitale 155
Notizen organisieren 152
Notizen vereinheitlichen 153
Notizsysteme 151, 154
Notizsysteme, Anwendung 159
Notizverwaltung 152

O
Office 365 30, 184
Office Manager 133
OneNote 154, 156
Ordnungsstruktur 15
Outline 156
Outlook 11

P
Papier 189, 191
Papierdokumente digitalisieren 191
Papierstapel organisieren 102
Peattie, Charles 19
Peer to Peer University 172
Personendaten 102
Personendaten mit Fotos 104
Podcasts 148, 171
Print-Medien 139, 140
Private Cloud 179
Protokollant 31
Public Cloud 180
Pultordner 194
Push-E-Mail 13, 17

Q
QR-Code-Scanner 163
Quittungen 162

R
Radio 145
Rechenzentren 177
Reisen 109
RSS-Feeds 148

S
Sägezahn-Effekt 17
Scanner 192
Schäuble, Wolfgang 29
Schnittstellen (Notizen) 153
Seatguru 120
Seiwert, Lothar J. 11, 15, 112
Sekretariate 125
Selbstdisziplin 11
Sicherheit 35, 50, 103, 114, 155, 177, 180
Sicherheitsbehörden 185
Sicherheitsstandard 115, 184
Skyscanner 120
Smartpen 153, 156, 161, 162
Smart Working 199
SMS 24
Social Engineering 103
Social Media, unternehmensintern 196
Speed Reading 166
Speicherkapazität 178
Spracherkennung 130
Sprachkurse 166
Sprachmemos 136
Suchinstrumente 12
Swisher, Kara 147
Synchronisation 19, 99

T

Tablet 111
Tarifrechner 119
Taxi-Sharing 124
Taylor, Russell 19
Telefontermin 24
Terminfindung 26
Terminvereinbarung (Meeting) 27
Timekeeper 31
Timer-Apps 32
To-do-Listen 96
To-do-Ordner 23
Tools für unterwegs 120
Tracy, Brian 15, 24
Tripit 121
Twitter 149

U

Überlassungsvereinbarungen 187
Ultrabooks 111
Unterwegs arbeiten 110

V

Vergleichsportale 119
Verschlüsselung, E-Mail 197
Videos 143, 171
Videoclips 146
Videotraining 172
Video-Tutorial 168, 172
Virtual Private Network 115
Visitenkarten-Scanner 106
Voice- und Videokonferenz 37
Vorträge 161

W

WebDAV 115
Webinare 174
Webseiten speichern 160
Wehrle, Martin 26
Weiterbildung 3.0 164
Weiterbildungssysteme im Unternehmen 165
Whiteboard 134
WiFi-Finder 117
Wikis 29

Z

Zeitschriften 139, 140
Zeitungen 139, 140
Zeitungsarchiv 159
Zite 143
Zwei-Minuten-Regel 102, 129
Zweithandy 131

Über den Autor

Als der Experte für Digital Working zeigt Thorsten Jekel Führungskräften, wie sie Technik einfach nutzen. 1988 begann der Diplom-Betriebswirt und MBA seine berufliche Laufbahn bei dem Computer-Pionier Heinz Nixdorf. Seitdem ist die intelligente Nutzung neuer Technologien sein Thema. Bis 2010 sammelte Thorsten Jekel umfangreiche Fach- und Führungserfahrung im Vertrieb, im Service, bei IT-Projekten und auch als Geschäftsführer. Seit 2010 begeistert der Experte für Digital Working seine Kunden als Autor, Trainer und vor allem als Redner.

Website:
www.jekelpartner.de
E-Mail: info@jekelpartner.de
Tel: 030 / 44 0172 99

Mehr von Thorsten Jekel
Seiwert, Lothar J.; Jekel, Thorsten; Dirkes, Christoph: *Zeitmanagement mit dem iPad. Die besten Wege, um wirklich Zeit zu sparen.* Südwest, München, 2. Auflage 2011

Jekel, Thorsten: *Technik nein danke? Mehr VerkaufsAppSchlüsse mit dem iPad.* In: Köhler, Hans-Uwe L. (Hrsg.): *Die besten Ideen für erfolgreiches Verkaufen. Erfolgreiche Speaker verraten ihre besten Konzepte und geben Impulse für die Praxis.* GABAL, Offenbach 2012, S. 148–159

Jekel, Thorsten: *Effizientes Informationsmanagement mit dem iPad.* In: Jekel, Nicole (Hrsg.): *Speed Reading für Controller und Manager.* Wiley-VCH, Weinheim 2013, S. 275–278

In 30 Minuten wissen Sie mehr!

Jeder Band 96 Seiten, 2-farbig,
€ 8,90 (D) / € 9,20 (A)

Jochen Gürtler,
Johannes Meyer
30 Minuten Design Thinking
ISBN 978-3-86936-486-5

Hans-Georg Willmann
30 Minuten Selbstvertrauen
ISBN 978-3-86936-489-6

Gitte Härter
30 Minuten Arschlöcher zähmen
ISBN 978-3-86936-447-6

Cristián Gálvez
30 Minuten Wirkungsvolle Marketing-Events
ISBN 978-3-86936-488-9

Brigitte Ruhleder
30 Minuten Business-Etikette
ISBN 978-3-86936-446-9

Frank H. Berndt
30 Minuten Burn-out
ISBN 978-3-86936-255-7

Ulrich Siegrist,
Martin Luitjens
30 Minuten Resilienz
ISBN 978-3-86936-263-2

Katja Kerschgens
30 Minuten Die geschliffene Rede
ISBN 978-3-86936-490-2

Karin Letter
30 Minuten Qualitätsmanagement
ISBN 978-3-86936-408-7

Weitere Informationen finden Sie unter www.gabal-verlag.de

Aus der Praxis für die Praxis
Business-Bücher für Ihren Erfolg

Stefanie Demann
Selbstcoaching
ISBN 978-3-86936-483-4
€ 19,90 (D) / € 20,50 (A)

Katharina Maehrlein
Die Bambusstrategie
ISBN 978-3-86936-441-4
€ 19,90 (D) / € 20,50 (A)

Petra Schuseil
Finde dein Lebenstempo
ISBN 978-3-86936-481-0
€ 19,90 (D) / € 20,50 (A)

Gitte Härter
Peinlich, peinlich …
ISBN 978-3-86936-484-1
€ 19,90 (D) / € 20,50 (A)

Josef W. Seifert
Visualisieren Präsentieren Moderieren
ISBN 978-3-86936-240-3
€ 19,90 (D) / € 20,50 (A)

Cornelia Topf
Selbstcoaching für Frauen
ISBN 978-3-86936-442-1
€ 20,90 (D) / € 21,50 (A)

Johannes Stärk
Erfolgreich im Vorstellungsgespräch und Jobinterview
ISBN 978-3-86936-440-7
€ 19,90 (D) / € 20,50 (A)

Lars Schäfer
Emotionales Verkaufen
ISBN 978-3-86936-339-4
€ 17,90 (D) / € 18,50 (A)

Hartmut Laufer
Praxis erfolgreicher Mitarbeitermotivation
ISBN 978-3-86936-482-7
€ 24,90 (D) / € 25,60 (A)

Weitere Informationen finden Sie unter www.gabal-verlag.de

Erfolg ist hörbar!

🔊 **Wissen im Hörbuchformat – ungekürzt und topaktuell**

Sylvia Löhken
Leise Menschen – starke Wirkung
ISBN 978-3-86936-497-1
€ 39,90 (D/A)

Anne M. Schüller
Touchpoints
ISBN 978-3-86936-501-5
€ 49,90 (D/A)

Lars Schäfer
Emotionales Verkaufen
ISBN 978-3-86936-500-8
€ 39,90 (D/A)

Jumi Vogler
Erfolg lacht!
ISBN 978-3-86936-498-8
€ 39,90 (D/A)

Tom Peters
The Little Big Things
ISBN 978-3-86936-456-8
€ 49,90 (D/A)

Markus Väth
Feierabend hab ich, wenn ich tot bin
ISBN 978-3-86936-458-2
€ 39,90 (D/A)

Richard de Hoop
Macht Musik
ISBN 978-3-86936-499-5
€ 39,90 (D/A)

Katja Kerschgens
Reden straffen statt Zuhörer strafen
ISBN 978-3-86936-459-9
€ 39,90 (D/A)

Norman Bücher
break your limits
ISBN 978-3-86936-457-5
€ 29,90 (D/A)

Weitere Informationen finden Sie unter www.gabal-verlag.de

Innovative Themen und frische Impulse für Beruf und Privatleben

Ilja Grzeskowitz
Attitüde
ISBN 978-3-86936-475-9
€ 24,90 (D) / € 25,60 (A)

Stéphane Etrillard
Mit Diplomatie zum Ziel
ISBN 978-3-86936-473-5
€ 24,90 (D) / € 25,60 (A)

Sylvia Löhken
Leise Menschen – starke Wirkung
ISBN 978-3-86936-327-1
€ 24,90 (D) / € 25,60 (A)

Friederike Müller-Friemauth
No such Future
ISBN 978-3-86936-479-7
€ 29,90 (D) / € 30,80 (A)

Richard de Hoop
Macht Musik
ISBN 978-3-86936-432-2
€ 24,90 (D) / € 25,60 (A)

Frank Breckwoldt
Hochleistung und Menschlichkeit
ISBN 978-3-86936-477-3
€ 24,90 (D) / € 25,60 (A)

Philip Kotler
Good Works!
ISBN 978-3-86936-471-1
€ 34,90 (D) / € 35,90 (A)

Jürgen Frey
Mein Freund, der Kunde
ISBN 978-3-86936-433-9
€ 24,90 (D) / € 25,60 (A)

Alexander Verweyen
Mut zahlt sich aus
ISBN 978-3-86936-472-8
€ 29,90 (D) / € 30,80 (A)

Weitere Informationen finden Sie unter www.gabal-verlag.de

ANZEIGE

Hier finden Sie Gleichgesinnte ...

... weil sie sich für persönliches Wachstum interessieren, für lebenslanges Lernen und den Erfahrungsaustausch zum Thema Weiterbildung.

... und Andersdenkende,

weil sie aus unterschiedlichen Positionen kommen, unterschiedliche Lebenserfahrung mitbringen, mit unterschiedlichen Methoden arbeiten und in unterschiedlichen Unternehmenswelten zu Hause sind.

Das nehmen Sie mit:

- Präsentation auf wichtigen Personal-Messen zu Sonderkonditionen sowie auf den GABAL-Plattformen (GABAL impulse, eLetter und auf www.gabal.de)
- Teilnahme an Regionalgruppenveranstaltungen, Werkstattgruppen und Kompetenzteams
- Sonderkonditionen beim Symposium und Veranstaltungen unserer Partnerverbände
- Gratis-Abo der Fachzeitschrift wirtschaft + weiterbildung
- Gratis-Abo der Mitgliederzeitschrift GABAL impulse
- Vergünstigungen bei zahlreichen Kooperationspartnern
- u.v.m.

Auf unseren Regionalgruppentreffen und Symposien entsteht daraus ein lebendiger Austausch, denn wir entwickeln gemeinsam neue Ideen.
Zudem pflegen wir intensiven Kontakt zu namhaften Hochschulen, so erhalten wir vom Nachwuchs spannende Impulse, die in die eigene Praxis eingebracht werden können.

**Neugierig geworden?
Informieren Sie sich am besten gleich unter:**
www.gabal.de
E-Mail: info@gabal.de
oder
Tel.: 06132-5095090